功能材料制备及应用

崔节虎　杜秀红　著

北　京
冶　金　工　业　出　版　社
2023

内 容 提 要

本书共分 4 章，主要介绍了类水滑石 LZH 及其复合材料对染料废水吸附和光催化降解研究，LZH 及其复合材料对染料废水吸附和光催化研究，过渡金属氧化物陶粒复合臭氧催化剂性能及降解水中水杨酸的研究，以及赤泥基陶粒功能材料制备及对溶液中 Cd^{2+} 的吸附。

本书可供从事废水处理的科研人员和工程技术人员阅读，也可供高等学校环境工程及相关专业师生参考。

图书在版编目(CIP)数据

功能材料制备及应用/崔节虎，杜秀红著.—北京：冶金工业出版社，2021.7（2023.11 重印）

ISBN 978-7-5024-8857-4

Ⅰ.①功… Ⅱ.①崔… ②杜… Ⅲ.①功能材料—制备 ②功能材料—应用 Ⅳ.①TB34

中国版本图书馆 CIP 数据核字（2021）第 131353 号

功能材料制备及应用

出版发行 冶金工业出版社　　**电　话** (010)64027926
地　址 北京市东城区嵩祝院北巷 39 号　　**邮　编** 100009
网　址 www.mip1953.com　　**电子信箱** service@mip1953.com

责任编辑 刘林烨　美术编辑 彭子赫　版式设计 禹 蕊
责任校对 郑 娟　责任印制 窦 唯
三河市双峰印刷装订有限公司印刷
2021 年 7 月第 1 版，2023 年 11 月第 2 次印刷
710mm×1000mm 1/16；10.5 印张；201 千字；157 页
定价 88.00 元

投稿电话 (010)64027932　投稿信箱 tougao@cnmip.com.cn
营销中心电话 (010)64044283
冶金工业出版社天猫旗舰店 yjgycbs.tmall.com
(本书如有印装质量问题，本社营销中心负责退换)

前　　言

近年来，随着工业企业的发展，有机染料废水和重金属离子的排放现象日益增多，造成严重的环境污染问题。有机染料通常带有苯环结构，有一定毒性，且可生化性差，排入水体后很难被自然界降解；若其随生物链富集转移至人体，将对人体健康造成极大危害。然而一般的功能材料很难对其废水达到良好的处理效果，重金属在食物链中的过量富集会对自然环境和人体健康造成很大的危害。因此，研究开发新型环境友好的吸附材料、高效的光催化功能材料和功能材料臭氧催化剂等至关重要。

本书从不同的功能材料入手，分别研究对染料分子、镉离子、水杨酸和磺基水杨酸类废水处理过程中的各种影响因素。同时系统阐述了吸附、光催化和高级氧化等技术原理，并对染料分子、镉离子、水杨酸和磺基水杨酸类物质分离/降解因素、工艺方法、实验技术和前景进行了全面论述和介绍。

本书由郑州航空工业管理学院崔节虎与河南医学高等专科学校杜秀红撰写，书中的许多内容是作者公开发表的研究成果，这些研究工作得到国家自然科学基金项目（21771165）和河南省科技攻关基金项目（192102310237）的资助，在此表示感谢。本书在编写过程中，参考了有关文献，在此向文献作者表示衷心的感谢。

由于编者水平所限，书中不妥之处，恳请读者批评指正。

作　者

2021 年 1 月

目　　录

1 类水滑石 LZH 及其复合材料对染料废水吸附和光催化降解研究

1.1 概论

1.1.1 引言

随着经济与科学技术的发展，工业化进程加快，工业废水排放量也随之增加。特别是染料废水，由于其具有水体总量大、成分复杂、高色度、毒性大等特点，对水体环境造成严重影响；同时，染料废水对生态环境中生命体也造成巨大危害。我国染料废水排放量位居世界首位，其中工业用染料总量的10%被直接排放到环境中，染料废水的处理问题急需解决。一种新型、环保、高效、经济的材料来降解有机污染物一直是最优选择，由于层状氢氧化物结构和性质的特殊性，即融合了二维层状纳米材料和金属离子两者的优点，层状氢氧化物被广泛地应用于吸附、阻燃、催化、生物和光电磁等领域。相对于传统的物理、化学、生物处理，该类材料及复合材料能够结合吸附与光催化技术两种优点，快速高效吸附的同时能够通过光催化氧化将目标污染物降解为二氧化碳和水等无毒小分子，避免产生二次污染。

1.1.2 LDHs 简介

水滑石类化合物又称为层状双羟基复合金属氢氧化物（Layered Double Hydroxide，简称 LDH），一般由两种不同价态金属的氢氧化物组成其主体结构。在1842 年，自然界中天然 LDH 被 Circa 发现，直到一个世纪之后，第一个类水滑石的化合物才被名叫 Feitknecht 的矿物学家成功制备出来，推测出其层状结构可能的构成方式。此后，由于现代测试手段的不断发展，许多研究者相继发现 LDH 具有独特的多孔结构和阴离子交换特性。随着交叉学科相互渗透，LDH 在很多领域展现了良好的潜在应用；同时，随着染料废水导致水环境的不断恶化，具有阴离子交换和催化性能的 LDH 功能材料在吸附及光催化等技术领域逐渐受到关注，并得到广泛应用。

1.1.2.1 LDHs 结构性能及应用

类水滑石的结构式为 $M^{2+}_{1-x}M^{3+}_{x}(OH)_2(A^{n-})_{x/n}\cdot mH_2O$，通式中的 M^{2+}、M^{3+} 各

自代表相对应的正二价、三价金属离子；A^{n-} 表示相应的 n 价阴离子。x 为 M^{3+} 与（M^{3+}+M^{2+}）的摩尔比值，通常想要制备较高纯度的 LDHs 需要保证 M^{2+} 与 M^{3+} 的摩尔比值为 2～4，当两种金属离子摩尔比值小于 1 或大于 4 时，易出现 $M(OH)_2$ 杂质与 $M(OH)_3$ 杂质。一般认为金属离子只要有适合的离子半径和电荷数都能生成层状结构材料，并且层间阴离子类型多样化。这两方面原因导致 LDHs 具有许多优异的特性，主要有以下几个方面的性能。

（1）层间离子的可交换性。LDHs 由于其特殊的层状结构，使其插层中的阴离子可与其他多种阴离子发生交换进入层中。通常来讲，容易交换进入 LDHs 层间的是高价阴离子，而其中的价态较低的阴离子则比较容易被交换出来。利用 LDHs 的这种性质可以调节和改变层间阴离子的种类制备出不同种类的水滑石，使其表现出不同的性质。

（2）热稳定性。水滑石的热分解步骤按先后顺序分别为失去层间水、层间阴离子、羟基、生成金属氧化物等过程。第一阶段在温度小于 200℃时，材料失去外表面及层间的水分，层间距小，原有的层状结构保持良好；第二阶段在 200～600℃时，层间水分失去的同时层间阴离子转化为气体失去，层板上的羟基形成水失去，直至插层阴离子完全失去形成双金属复合氧化物（LDO），这一阶段表现为材料的比表面积和孔径变大，形成了酸碱中心；第三阶段在温度高于 600℃时，形成的复合金属氧化物出现烧结现象，形成尖晶石，比表面积降低，孔体积减小。

（3）记忆效应。当经过 500℃左右温度下焙烧处理后的产物，加入某种阴离子溶液中，材料能部分恢复其原有的层状结构，阴离子重新插入到层中。如果焙烧温度过高形成尖晶石结构，材料无法恢复原有结构。

1.1.2.2 LDHs 制备方法

近年来，LDHs 制备方法已相当成熟，其中较为常用的制备方法有以下几种。

（1）共沉淀法。共沉淀法是将组成 LDHs 材料上下层板的两种或两种以上的混合金属离子溶液与具有插层阴离子碱溶液混合，经过共沉淀反应制备 LDHs。共沉淀法根据制备过程不同又可分为恒定 pH 值法与变化 pH 值法。恒定 pH 值法，即先配置好金属盐溶液与碱溶液，然后将两种溶液同步加入到装有恒温的蒸馏水烧杯中，通过控制两种溶液的添加速度使混合溶液的 pH 值保持恒定来进行制备材料；变化 pH 值法，即将金属盐溶液与碱溶液分别加热至反应温度，直接将两种溶液加入到装有恒温的水溶液当中，经过充分搅拌制备材料。由于随着溶液中碱的消耗 pH 值逐渐降低，变化 pH 值法会造成形成的材料组分不一，大小形貌有较大差别。

（2）离子交换法。离子交换法是将所需阴离子插层到 LDHs 前驱体中来制成相应的 LDHs 目标产物。该方法适用于一些阴离子所对应的金属盐溶度积过小，难以溶入到水中，无法利用共沉淀法直接制备具有目标阴离子插层的材料或金属阳离子在碱性条件下不能形成稳定的结晶产物。

（3）水热合成法。水热合成法是在较高温度和压力下，通过水热处理使呈碱性溶液的金属氧化物或氢氧化物的相关原子重新组合，最终形成所需要的材料。此法的特点是使制备材料过程中的成核与晶化步骤分隔，主要通过控制不同金属离子的相对占比、反应温度与时间来影响晶体形成过程中的成核与晶化；并且整个反应过程发生在封闭的环境中，能够避免高温下反应溶液的挥发、应力因素导致晶格缺陷，没有其他杂质影响，因此所制备的材料具有尺寸小、纯度高、分散均匀不易团聚、颗粒形貌尺寸稳定、晶粒生长完整、形貌具有可调控性等优异特点。更重要的是，水热法可以通过调整反应条件控制生成物的形貌、组分、孔径分布等。

（4）焙烧复原法。焙烧复原法是将在特定条件下的焙烧产物［即层状双金属复合氧化（LDO）］加入到含有目标阴离子的溶液中，通过吸收溶液中的阴离子与水分子，使原有的层状结构得以恢复，得到新的 LDHs。焙烧复原法能够实现的基础是类水滑石材料具有一定的记忆效应，这种方法能使特定的客体分子插入到层中。该法的突出优点是避免其他阴离子与目标阴离子竞争进入层间；缺点是由于只有部分双金属复合氧化物能够恢复为原有的层板，容易形成非晶相物质。材料制备过程受到焙烧温度、时间、含有插层离子的溶液浓度、pH 值等多种因素影响，且复原过程复杂烦琐包括再生、复原、修整和再水合等多个过程。

1.1.3 染料

19 世纪 30 年代，世界的颜色相对枯燥多为黑色和白色，其他的颜色基本也都是来自于自然界。随着化学的发展，出现了越来越多人工合成的染料。1857 年，合成出的第一种非自然染料正式诞生，命名为苯胺紫，由 W. H. Perkin 制备。Bottiger 研究出刚果红染料，是第一种直接染料，其分子式为 $C_{32}H_{22}N_6Na_2O_6S_2$，分子量为 696.7。图 1-1 表示其化学结构式，是一种阴离子偶氮染料。现在非自然染料的数目已经超过 10000 种，我国的染料年产量超过 70 万吨，其中约 80%的为偶氮染料，偶氮染料大部分是直接染料（这类染料具有很

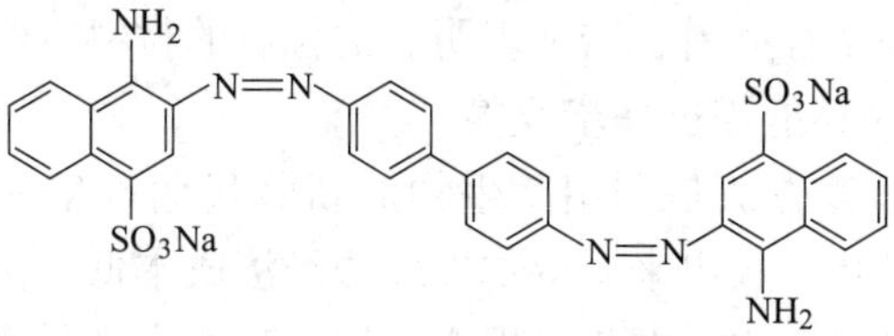

图 1-1　刚果红结构式

强的亲水性，使用过程中不需要借助媒染剂即可完成染色）。由于在水中有较大的溶解度，在实际使用时容易流失进入到水体环境，对人们的生活环境与身体健康造成了严重的危害。

1.1.3.1　染料废水的特点与危害

随着生活需求的变化，人们对印染、纺织产品的要求标准愈加提高，从而使染料具有更强的稳定性、复杂性、抗催化与生物降解性等，进一步造成染料废水也越来越难以得到彻底处理。这类废水的特点及危害主要如下。

（1）总体水量大，水质变化剧烈，成分复杂。据统计，我国纺织企业平均生产 100m 产品，就排出 3～5t 的废水。纺织及印染业针对不同的需求，还会有各种添加剂（如盐类、重金属离子、表面活性剂等）造成水质成分也不尽相同。

（2）色度高。染料分子中含有发色基团，造成其废水的颜色很深，废水色度高达 5000～50000，排放到环境中会使受污染水体色度急剧增加。较高的色度会造成太阳光很难照射到水体深处，造成水生植物及藻类难以进行光合作用，进而造成水中溶解氧减少，破坏原有的生态系统。

（3）有机物含量高。通常其 CODcr 都会高于 10000mg/L，导致可生化性变差。如果不进行前期物化处理，后期的深度处理很难达到排放标准。

（4）毒性强。染料排入环境后，分解不完全的中间产物很多都有很强的毒性，对植物及人类具有三致作用。损害诸如肾脏、肝脏、脑部等人体器官，严重的还会威胁生命健康。

1.1.3.2　染料废水处理方法

染料废水处理方法主要如下。

（1）物理处理。该方法以吸附法为主，还有絮凝沉淀和膜分离技术。吸附法就是利用吸附剂将吸附质转移富集到吸附剂表面。物理吸附主要依靠分子间的范德华力，其特点是：操作简单、吸附速率快，快速达到吸附平衡，去除率高。但该法只是将污染物从一个相中转移到另一个相中，如果不通过一定的脱附剂或脱附手段，很容易造成二次污染。吸附剂需要大量使用，难以回收利用造成使用成本增加，因此在实际生产中不适合大规模使用。贾韫翰等利用交换树脂吸附模拟废水中的阴离子刚果红染料，结果表明，优化后的材料对刚果红最大去除率达 98.29%，但重复利用性能需进一步改善。

（2）生物处理。该方法是利用微生物的新陈代谢等生命活动，将有害物质转化为细胞质或无机物排放出来。生物处理法经济成本低、无污染，但只适合处理低毒性、低浓度染料废水。据相关报道可知，高浓度染料废水可生化性差，利用生物法很难去除。另外，生物法还有降解时间长、产生大量剩余污泥等缺点。

（3）化学处理。该方法是利用药剂将目标污染物去除，主要有氧化还原法。其原理是利用氧化剂的强氧化性打断发色基团，主要用的氧化剂有过氧化氢、氯酸盐等。氧化法的特点是能够将目标污染物降解为小分子，但处理成本高，且中间反应过程可能产生有毒物质，造成二次污染。最近新兴的有电化学氧化法、类Fenton试剂氧化法、光催化氧化法等高级氧化技术主要利用其产生的自由基活性基团的强氧化性。用电化学氧化法、类Fenton试剂氧化法处理时，需要添加化学药剂，从而增加成本。光催化氧化法利用可再生清洁能源将污染物降解为无毒小分子，具有经济环保的特点，在染料处理中被认为是一种理想的方式。类水滑石由于特殊的层状结构具有较大的比表面积表现出优异的吸附效果，其中一部分还有光催化效果，这些特性使其有望成为染料废水处理的理想选择。

1.1.4 光催化理论

光催化反应从本质上来说是在加光条件下，目标污染物在半导体材料表面发生氧化还原反应，降解为无毒小分子。理论上来说很多材料都具有光催化性，但却很少有材料应用于实际，这是因为多数材料激发需要较高的能量且激发的电子难以被有效利用。

当光照到半导体材料，变为激发态后，价带上的电子（e^-）转移到导带上，在其表面生成光生电子—空穴对，通过捕获氧气或与水结合生成多种具有强氧化性的自由基。目标污染物与自由基通过接触发生反应得以去除，具体反应主要分为三步：第一步，光照条件下，电子由半导体的价带跃迁至导带生成电子—空穴对；第二步，电子与空穴对复合；第三步，持续发生氧化还原反应。当激发产生光生电子空穴对时，一些电子空穴对在半导体相中再次结合，另一些在迁移到半导体表面后再次结合，两种反应载流子的能量转换为热能散失。这两种现象都不会发生有效的光催化反应，从而降低光催化效率。另外，当电子被转移到表面时，目标污染物发生还原反应被降解，当空穴被转移到表面时，会发生和 H_2O 和 OH^- 的氧化反应。光催化氧化降解有机污染物的催化体系中，强氧化自由基产生过程通常为：

$$h^+ + H_2O \longrightarrow \cdot OH + H^+ \tag{1-1}$$

$$O_2 + e^- \longrightarrow O_2^- \cdot \tag{1-2}$$

$$O_2^- \cdot + H^+ \longrightarrow HO \cdot \tag{1-3}$$

$$2HO_2 \cdot \longrightarrow H_2O_2 + O_2 \tag{1-4}$$

$$H_2O_2 + e^- \longrightarrow \cdot OH + OH^- \tag{1-5}$$

$$h^+ / O_2^- \cdot / HO_2 \cdot / \cdot OH / H_2O_2 + Org \longrightarrow CO_2 + H_2O + \cdots \tag{1-6}$$

在光催化降解过程中常见的自由基为方程（1-6）中的空穴（h^+）、超氧自由基（$O_2^- \cdot$）、羟基自由基（$\cdot OH$），它们都具有很强的氧化性。由于在实际光催化氧化降解过程中反应较为复杂，不同反应条件生成多种自由基，同时产生一种或几种自由基。想要得知在光催化降解过程中是哪种自由基参与反应，需要加入特定的自由基淬灭剂或捕获剂来确定。本章则采用加入特定的捕获剂来进行确定。

1.1.5 研究目的与研究内容

1.1.5.1 研究目的

水体污染问题已严重影响人类健康安全，其中有机染料被广泛应用于印染和纺织行业。据悉每年有超过10万个总产量为 $3\times10^6 \sim 4\times10^6$t 的印染行业同时存在。其中有10%~15%的染料废水未经过有效处理被直接排到水体环境中，对环境造成极大危害。有机染料废水复杂、毒性强、结构稳定、色度深和三致效应等特点增加了对其处理的难度，特别是排出废水中的阴离子型染料，其大部分是偶氮或蒽醌型染料更难处理。吸附法被广泛应用于染料废水的处理中，其有着吸附效率高、处理快、适用条件广、成本低等特点，吸附法中常用的有活性炭、硅胶、树脂等，但其难以回收利用，容易造成二次污染；利用聚丙烯酰胺的絮凝沉降，去除效果较好，但成本高，难以大量使用。光催化技术作为一种新型环保的污水处理技术，有着广泛的应用前景。大部分光催化材料普遍存在光利用率较低、光生电子—空穴复合率较高等缺陷，亟待研究新型吸附材料与光催化材料解决上述难题。

1.1.5.2 研究内容

基于以上分析，本章从Zn基单金属层状类水滑石（LZH）及复合材料的制备、材料表征、性能研究等方面展开工作，主要包括如下。

（1）以 $ZnSO_4$、三乙醇胺（TEOA）为原料，利用水热法制备具有高效吸附性能的LZH二维纳米片状材料，考察不同温度、时间、三乙醇胺添加量等对LZH材料形成的影响，优化材料制备条件，并对制备出的LZH材料形貌和组分进行表征，研究探讨材料的形成机理；考察三种LZH材料对刚果红（CR）染料溶液的吸附性能，通过考察一系列因素对吸附效果的影响，利用Langmuir、Freundlich等温吸附方程对复合材料吸附CR的等温吸附过程进行模拟，利用准一级和二级动力学方程模拟LZH材料对CR的吸附动力学特征。

（2）采用水热法通过掺杂Cu于LZH材料中，制备出三种不同三乙醇胺添加量的Zn-Cu-LDH，通过多种表征手段对材料形成机制做出分析，考察不同制备条件Zn-Cu-LDH材料对甲基橙（MO）染料溶液的吸附性能，研究一系列因素对吸附效果的影响，利用准一级动力学、准二级动力学方程模拟Zn-Cu-LDH材料对MO的吸附动力学特征。

(3) 以三聚氰胺($C_3H_6N_6$)为原料采用煅烧法制备 g-C_3N_4，以 g-C_3N_4 为模板利用水热合成法制备 LZH/g-C_3N_4 复合光催化材料。通过多种表征手段对材料形成机制做出分析。研究一系列因素对光催化效果的影响，进而研究 LZH/g-C_3N_4 复合光催化材料对 CR 染料的光催化降解能力并分析其光催化作用机理。

1.1.5.3 技术路线图

技术路线图如图 1-2 所示。

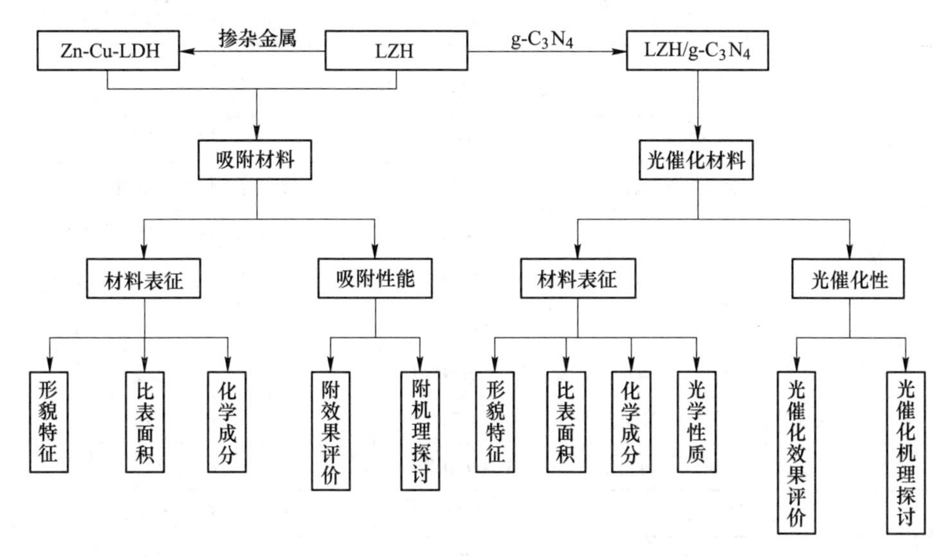

图 1-2 技术路线图

1.2 实验材料及性能测试评价方法

1.2.1 实验试剂及仪器设备

实验中的主要实验试剂见表 1-1，主要实验仪器见表 1-2。

表 1-1 实验试剂一览表

序号	名称	分子式	试剂规格	产 地
1	硫酸锌	$ZnSO_4$	AR	天津科密欧化学试剂有限公司
2	硝酸锌	$Zn(NO_3)_2$	AR	天津市科密欧化学试剂开发中心
3	硝酸铜	$Cu(NO_3)_2$	AR	天津市风船化学试剂公司
4	三聚氰胺	$C_3H_6N_6$	AR	吴江区互利精细化工有限公司
5	三乙醇胺	$C_6H_{15}O_3N$	AR	天津科密欧化学试剂有限公司
6	氢氧化钠	NaOH	AR	天津市风船化学试剂公司
7	浓硫酸	H_2SO_4	AR	洛阳昊华化学试剂有限公司

续表 1-1

序号	名称	分子式	试剂规格	产　地
8	无水乙醇	C_2H_6O	AR	郑州派尼化学试剂厂
9	甲基橙	$C_{14}H_{14}N_3NaO_3S$	AR	洛阳化学试剂厂
10	亮绿	$C_{27}H_{34}N_2O_4S$	AR	上海蓝季科技有限公司
11	刚果红	$C_{32}H_{22}N_6Na_2O_6S_2$	AR	天津市光复精细化工研究所
12	日落黄	$C_{16}H_{10}N_2Na_2O_7S_2$	AR	天津市科密欧化学试剂有限公司

表 1-2　实验仪器一览表

序号	仪器名称	型号	厂　家
1	恒温加热磁力搅拌器	GL-20B	常州普天仪器制造有限公司
2	鼓风干燥箱	DHG-9240A	上海一恒科学仪器有限公司
3	真空干燥箱	DZF-6090	上海树立仪器仪表有限公司
4	光反应仪	DS-GHX-V	上海杜斯仪器有限公司
5	射线衍射分析（XRD）	BrukerD8ANCE	德国布鲁克公司
6	扫描电子显微镜（SEM）	JSM-7001F	日本电子株式会社
7	比表面积分析仪（BET）	AUTOSO-IP-C	贝士德仪器科技有限公司
8	热重仪	STA 449 F5	上海盈诺精密仪器有限公司
9	紫外—可见吸收光谱仪	T9	北京普析通用仪器有限公司
10	傅里叶红外光谱仪	IS5	费尔伯精密仪器有限公司

1.2.2　材料性能评价方法

1.2.2.1　吸附性能评价

A　吸附性能测试方法

称取粉状刚果红 1g，定容于 1000mL 容量瓶中，得到质量浓度为 1.0g/L 的刚果红母液。稀释母液，配置得到不同浓度的刚果红试验用水，待用。

吸附性能测试实验，配制 20mL 质量浓度为 20mg/L 的 CR 溶液置于试管中，加入 15mg 的 LZH 材料，将试管放在磁力搅拌器上进行吸附反应，每隔一定时间移取 4mL 溶液放入离心管中，用高速离心机（10000r/min）离心 10min（去除溶液中残留的少量 LZH 材料）。用紫外可见分光光度计测量其在最大吸收波长 500nm 处上清液吸光度。通过控制变量法，研究吸附时间、温度、吸附剂用量、刚果红染料浓度及 pH 值对吸附性能的影响。

根据朗伯-比尔（Lambert-Beer）公式，可以知道当溶液浓度在一定的范围，污染物溶液浓度与吸光度呈一定的比例关系，因此实验中可以通过比较反应前后模拟污染物的吸光度变化来对吸附率进行定量分析。本实验中，污染物吸附率 R 的计算公式为：

$$R = \left(1 - \frac{A_t}{A_0}\right) \times 100\% = \left(1 - \frac{C_t}{C_0}\right) \times 100\% \tag{1-7}$$

式中 A_t——t 时间的吸光度；

A_0——初始溶液吸光度；

C_t——t 时间的溶液浓度，mg/L；

C_0——初始溶液浓度，mg/L。

B 等温吸附模型分析

为了研究吸附剂对 CR 吸附时的相互作用关系，本节采用 Langmuir 模型和 Freundlich 模型对实验数据进行拟合来描述其吸附的过程。Langmuir 和 Freundlich 的等温吸附过程分别为：

$$\frac{C_e}{Q_e} = \frac{C_e}{Q_m} + \frac{1}{bQ_m} \tag{1-8}$$

$$\ln Q_e = \ln k + \frac{1}{n}\ln C_e \tag{1-9}$$

式中 C_e——吸附平衡时刚果红溶液的质量浓度，mg/L；

Q_e——吸附平衡时吸附剂对刚果红的吸附量，mg/g；

Q_m——单分子层吸附时的最大吸附量，mg/g；

b——Langmuir 常数；

k，n——Freundlich 常数。

C 吸附动力学模型分析

为了探究吸附剂对刚果红的吸附机理，称取 15mg 吸附剂对不同初始浓度的刚果红溶液进行吸附实验，研究吸附剂对刚果红的吸附量随吸附时间的变化关系。采用准一级动力学方程和准二级动力学方程对实验数据进行拟合，准一级反应方程和准二级反应方程分别为：

$$\lg(Q_e - Q_t) = \lg Q_e - k_1 t \tag{1-10}$$

$$\frac{t}{Q_t} = \frac{1}{k_2 Q_e^2} + \frac{t}{Q_e} \tag{1-11}$$

式中 Q_e——平衡吸附量，mg/g；

Q_t——时间为 t 时的吸附量，mg/g；

k_1——准一级动力学速率常数，min^{-1}；

k_2——准二级动力学速率常数，g/(mg · min)。

1.2.2.2　光催化性能评价

A　光催化性能测试方法

称取粉末状刚果红 1g，定容于 1000mL 容量瓶中，得到质量浓度为 1g/L 的刚果红母液。稀释母液，配制得到不同浓度的刚果红试验用水，待用。

紫外光催化实验，紫外光源选用 800W 高压汞灯，刚果红（CR）为目标污染物。具体实验步骤如下：

（1）配制 20mL 质量浓度为 20mg/L 的 CR 溶液置于试管中，加入 15mg 的 LZH/g-C_3N_4 光催化复合材料，将试管放在八位磁力搅拌器上，在暗室中进行搅拌吸附 60min 后移取 4mL 溶液放入离心管中，用高速离心机（10000r/min）离心 10min（去除溶液中残留的少量 LZH/g-C_3N_4 材料）。

（2）用紫外可见分光光度计测量其在最大吸收波长 500nm 处上清液吸光度。

（3）打开光源，在紫外光辐射下继续搅拌进行降解，每隔一定时间移取 4mL 溶液放入离心管中离心测其上清液吸光度。

（4）通过控制变量法，研究一系列因素对吸附性能的影响。

根据朗伯-比尔（Lambert-Beer）公式，可以知道当溶液浓度在一定的范围，污染物溶液浓度与吸光度呈一定的比例关系，因此实验中可以通过比较反应前后模拟污染物的浓度变化来对吸附率进行定量分析。本实验中，污染物吸附率的计算公式为：

$$D = \left(1 - \frac{A_t}{A_0}\right) \times 100\% = \left(1 - \frac{C_t}{C_0}\right) \times 100\% \tag{1-12}$$

式中　A_t——光照 t 时后的吸光度；

A_0——初始溶液吸光度；

C_t——光照 t 时后的溶液浓度，mg/L；

C_0——初始溶液浓度，mg/L。

B　动力学模型分析

为了探究催化剂对刚果红的光催化机理，对 CR 染料废水光催化过程可采用 Langmuir-Hinshelwood 动力学模型进行拟合。称取 15mg LZH/g-C_3N_4 材料对不同初始浓度的刚果红溶液进行光催化降解实验，研究光催化材料对刚果红的降解量随光照时间的变化关系。采用多相催化动力学方程对实验数据进行拟合，其反应方程为：

$$\ln\left(\frac{C_t}{C_0}\right) = kt \tag{1-13}$$

式中　C_0——初始溶液浓，mg/L；

C_t——时间为 t 时的溶液浓度，mg/L；

k——动力学速率常数，min^{-1}。

1.3　LZH、Zn-Cu-LDH 材料制备及吸附性能研究

1.3.1　LZH 材料优化及吸附性能研究

按照 M^{2+}的分类，LDHs 大致包括锌、镁类、钴类等。锌类水滑石作为其中一种，由于其制备简单，价格低廉，引起学者的关注。同时也发现，即使没有三价金属的存在，单一金属在合适条件下也能制备出具有类水滑石结构的层状材料—层状金属氢氧化物（LHSs），其通式为 $M^{x+}(OH)_{x-y}B^{n-}_{y/n}\cdot/zH_2O$。然而单一金属类水滑石层状氢氧化物结构制备和性质研究仍然相对较少，LZH 用于废水处理研究也相对较少。本节对单金属层状类水滑石（LZH）的制备和吸附进行了研究，利用水热合成法制备材料，并对材料进行一系列优化，以刚果红（CR）模拟染料废水对 LZH 的吸附性能进行评估。

1.3.1.1　LZH 材料优化

称取 2.8756g(0.01mol) 硫酸锌放入到 12mL 去离子水中，搅拌至硫酸锌全部溶解，逐滴缓慢加入适量三乙醇胺，充分搅拌后将溶液倒入聚四氟乙烯内衬放入反应釜中，将反应釜放入烘箱中在一定温度下进行反应，一段时间后待反应釜温度降至室温，将生成的材料用去离子水、无水乙醇反复洗滤两次，最后放入真空干燥箱在 70℃ 下进行干燥。

采用控制变量法，改变三乙醇胺量（1mL、2mL、3mL、4mL）、反应温度（100℃、110℃、120℃），反应时间（1h、2h、3h、4h）制备不同的 LZH 材料，不断优化探索 LZH 材料的最佳制备条件。本节研究了 LZH 材料制备影响因素的影响。

A　不同反应时间对材料形貌的影响

固定反应温度为 100℃，三乙醇胺量为 2mL，原材料 $ZnSO_4$ 为 0.01mol，加入 12mL 去离子水，放入反应釜中，改变反应时间分别为 1h、2h、3h、4h。从图 1-3 中可以看出反应时间的长短不同生成的都是片状 LZH 材料，但随着时间的延长片状结构逐渐变大，厚度逐渐减少，团聚严重，形成高度交联层状结构。图 1-4 结果表明，不同温度下制备的 LZH 材料都具有类水滑石典型的特征峰。

B　三乙醇胺添加量对材料形成的影响

三乙醇胺量也是影响 LZH 形貌的重要因素，TEOA 的多少直接影响溶液的 pH 值，从图 1-5 可以看出，TEOA 量的添加量在 1mL、2mL 时形成规则的六边形材料，是典型的类水滑石形貌，且大小均一，分散均匀。TEOA 量的添加量在 3mL、4mL 时生成的材料形貌不规则且团聚严重。随着 TEOA 量的增多，溶液 pH 值变大，材料呈更加无序性生长。从图 1-6 可以看出，TEOA 添加量较高时出现新的衍射峰，有杂相生成，说明 TEOA 添加量对材料形成影响较大。

图 1-3　不同反应时间 LZH 材料的电镜

（a）1h；（b）2h；（c）3h；（d）4h

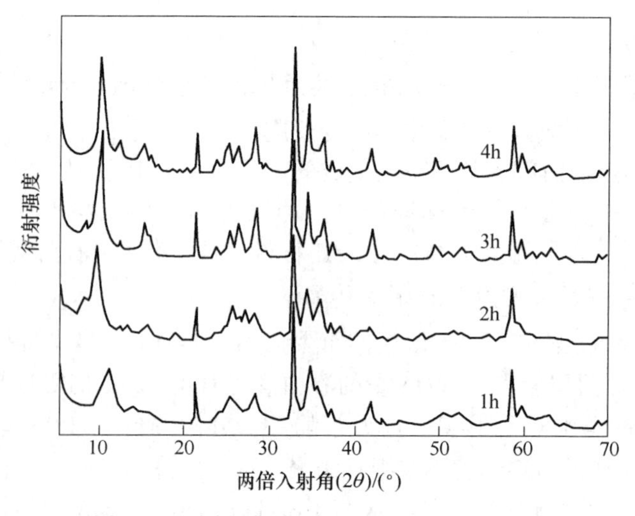

图 1-4　不同反应时间 LZH 材料的 XRD 图谱

图 1-5 不同 TEOA 添加量 LZH 材料的电镜

（a）1mL；（b）3mL；（c）2mL；（d）4mL

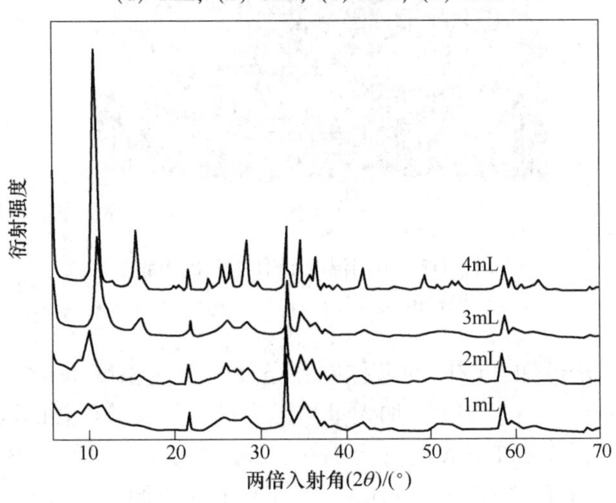

图 1-6 不同 TEOA 添加量 LZH 材料的 XRD 图谱

C　反应温度对材料形成的影响

反应温度对材料形成具有一定影响，从图 1-7 中可以看出，在 100℃、110℃、120℃三种温度下，反应温度的改变，生成材料的均为片状结构，发生一定程度的堆积现象，且片状结构的大小、形状、厚度没有明显的区别。图1-8 XRD 图谱显示三种材料都具有类水滑石的晶型结构说明在这个温度范围内，温度对 LZH 形成的形貌影响不大，而且比较容易形成片状结构。

图 1-7　不同温度 LZH 材料的电镜
（a）100℃；（b）110℃；（c）120℃

由前面的讨论可知，LZH 的最佳制备条件为反应温度 110℃，TEOA 添加量 2mL，反应时间 1h。由于 TEOA 加入量是影响材料形成最重要的因素，控制反应温度与时间不变，改变 TEOA 的量为 1mL、2mL、4mL，制备三种不同的 LZH 材料分别命名为 LZH-1、LZH-2、LZH-3，探究其形成机制，并研究影响吸附 CR 的各种因素，讨论吸附机理与理论。

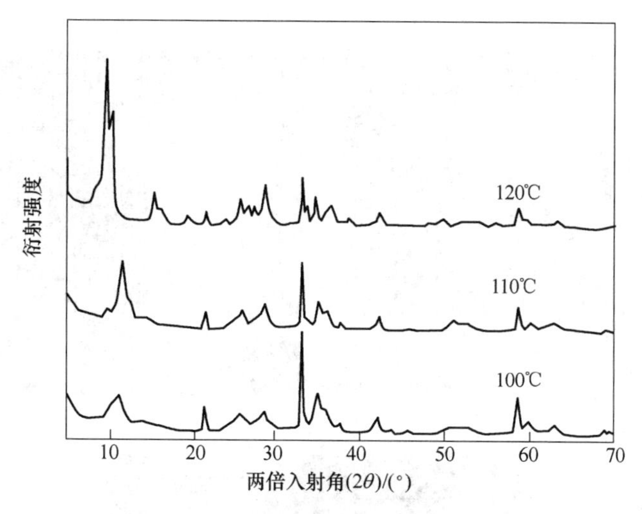

图 1-8 不同温度下 LZH 材料的 XRD 图谱

1.3.1.2 LZH 材料表征

用扫描电子显微镜（SEM）观察材料的微观形貌，配合电子能谱分析仪（EDS）对材料微区成分元素种类与含量分析，用粉末衍射分析仪（XRD）扫描 5°~70°进行物相分析，傅里叶红外光谱仪（FT-IR）分析其官能团或化学键存在或变化，用固体紫外分析仪（UV）测试其对紫外光及可见光的吸收，用比表面积分析仪（BET）测试样品的比表面积及孔径类型大小及分布情况。热重分析（TG）分析材料的热稳定性及组分。

A 三种材料形貌、XRD 和红外分析

从图 1-9(a)和(b)可以观察到 LZH-1、LZH-2 两种材料。从图中可以看出，片状结构较为规整，其原因是 TEOA 添加量较少，溶液 pH 值较低，晶体以较低的生长速率形成，容易形成规则的六边形结构。LZH-3 形成的片状结构较薄，但大小不均一，形状不规则交联形成整体块状［见图 1-9(c)］，过多的 TEOA 迅速提供大量的 OH^- 晶体生长速率较快，各个方向随机生长。LZH-1、LZH-2 和 LZH-3 的 XRD 图谱如图 1-10 所示。

LZH-1、LZH-2 和 LZH-3 材料在 2θ 为 11°、22°、33°处均出现了尖锐的对称特征衍射峰，分别对应 LDH 材料的（003），（006），（009）峰面，是典型的类水滑石衍射峰，表明成功制得了 LZH 材料。呈现出尖锐的衍射峰且强度高，说明材料的结晶度良好。随着 TEOA 的增加低角度衍射峰向小角度偏移，说明晶格参数变大，晶格厚度增加。三种材料原子组成及元素含量见表 1-3，从表中可以看出，元素与制备材料成分一致。

图 1-9　三种 LZH 材料电镜

（a）LZH-1；（b）LZH-2；（c）LZH-3

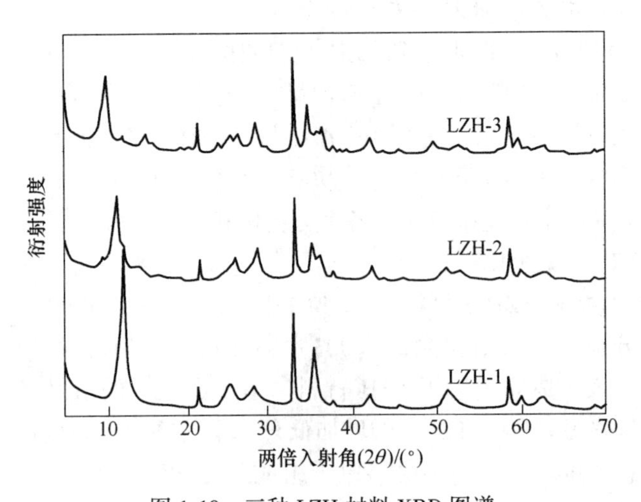

图 1-10　三种 LZH 材料 XRD 图谱

表 1-3 LZH-1、LZH-2 和 LZH-3 材料原子组成

材料名称	元素含量（质量分数）/%	原子含量/%
LZH-1	O(36.95)Zn(68.24)	O(56.12)Zn(25.37)
LZH-2	O(33.39)Zn(64.94)	O(59.80)Zn(28.46)
LZH-3	O(38.78)Zn(70.28)	O(55.63)Zn(24.67)

由图 1-11 所示，$3517cm^{-1}$ 和 $1631cm^{-1}$ 处的吸收峰为层间水分子及层板上羟基的 O—H 的伸缩振动所造成，$1025 \sim 1210cm^{-1}$ 是 SO_4^{2-} 的反对称伸缩震动引起，$600 \sim 800cm^{-1}$ 的吸收峰是金属-氧原子（Zn—O）及氧原子-金属-氧原子（O—Zn—O）的晶格振动造成的。以上结果表明三种材料中均含典型水滑石的特征振动峰，H_2O，OH^- 和 SO_4^{2-} 成功插层到 LZH 的层间。

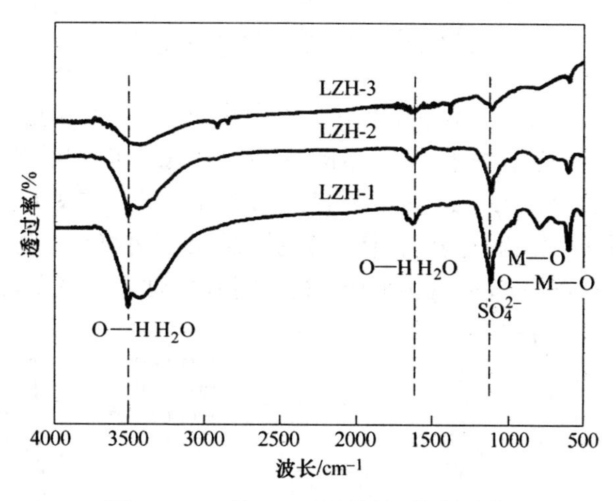

图 1-11 三种 LZH 材料的红外光图谱

图 1-12 描述了三种 LZH 材料在 25~800℃ 热分析图，LZH-1 和 LZH-2 显示出较好的稳定性：第一阶段在 25~250℃ 失重（12.84%和 15.238%），主要是失去表面和层间水分子；第二阶段在 720℃ 之后下降，在 250~720℃ 没有质量损失，保持稳定。然而 LZH-3 第一阶段温度在 25~150℃ 失重 6.463%，归于材料表面水分子的流失；第三阶段在 200~600℃ 质量急剧减少，失重为 35.92%，主要失去大量层间水分子和插层阴离子；600℃ 后 LZH-3 转变为氧化锌，剩余 63.08%。TG 分析和 SEM 分析一致，随着材料厚度变薄，层间离子数目增加，导致 TG 分析 LZH-3 失重最多，其次是 LZH-2 和 LZH-1。

B BET 分析

由图 1-13 和图 1-14 可知，LZH-1、LZH-2 和 LZH-3 N_2 气体吸附-脱附属于典型的 H_3 型滞回曲线。H_3 型迟滞回曲线主要由片状颗粒材料，或由裂隙孔材料引起，

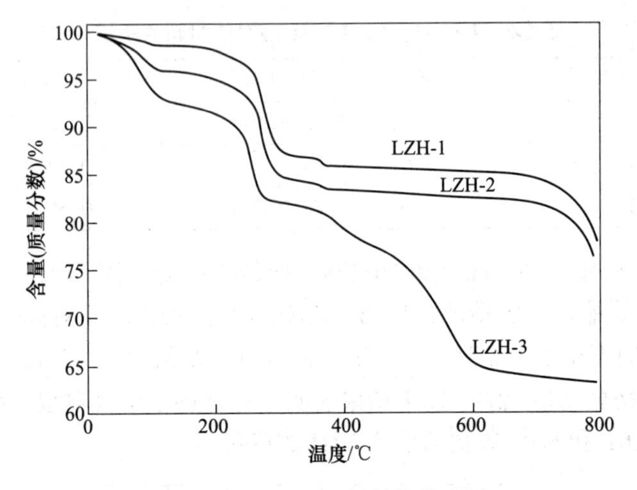

图 1-12 三种 LZH 材料的热重图

在较高相对压力区域表现为不饱和吸附。这说明 LZH 材料是由层状结构堆叠而成，与 SEM 图相吻合。随着材料厚度逐渐变薄，其比表面积分别为 $3.1212m^2/g$、$3.6070m^2/g$、$13.3015m^2/g$，这一结果与其电镜结果一致。在图 1-14 中明显地看出，LZH 材料的孔径多为大孔结构，其孔体积大小分别为 $0.005123cm^3/g$、$0.008176cm^3/g$、$0.061179cm^3/g$，平均孔径分别为 7.522nm、9.47nm、18.14nm。

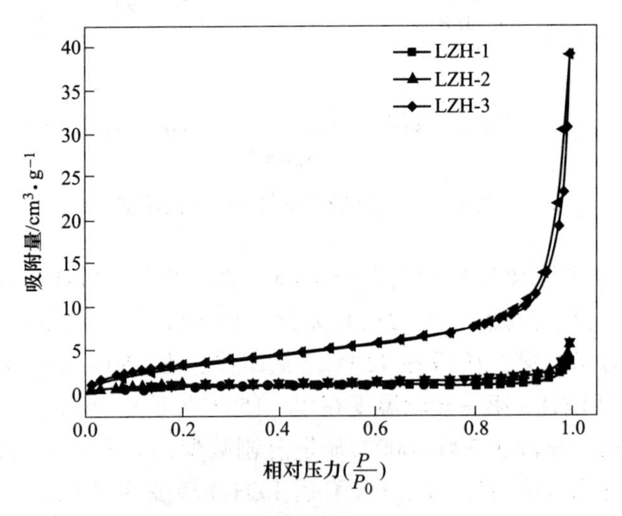

图 1-13 三种 LZH 材料的 N_2 吸脱附曲线

1.3.1.3 LZH 材料吸附性能影响因素研究

A 溶液 pH 值和反应时间对吸附性能的影响

染料溶液 pH 值是影响材料吸附过程的一个重要因素。pH 值既能影响溶液中

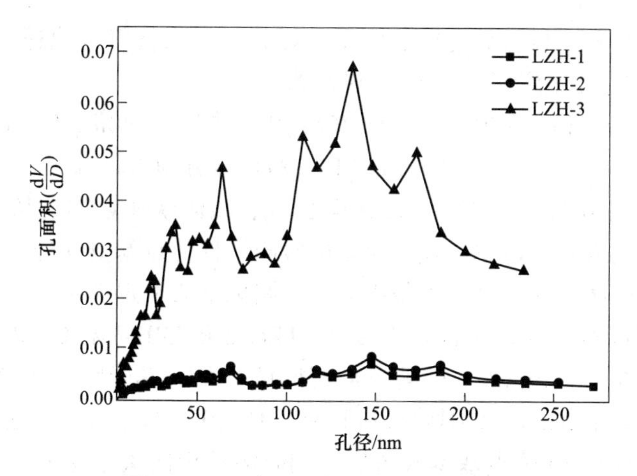

图 1-14 三种 LZH 材料的孔径分布图

阴阳离子的浓度，又能影响染料的存在状态。

配置 100mg/L 的 CR 染料溶液，量取 20mL CR 染料溶液 8 份，LZH 投加量 0.75g/L，温度 25℃，吸附时间 90min 条件下研究 pH 值对吸附效果的影响，调节 CR 染料溶液 pH 值在 2~9。

由图 1-15 中可知，LZH 在 pH 值=4~8 都有较高的吸附效果，这说明材料的物理化学稳定性较强；溶液 pH 值<4 时吸附能力骤降，其原因是 LZH 是一种偏碱性的材料，在强酸性条件下，LZH 材料与 H^+反应溶解，片状结构破坏导致吸附能力下降；pH 值>8 时吸附能力略有下降，其原因是溶液 pH 值过高 OH^-过多与阴离子染料竞争吸附活性位点，阴离子交换能力减弱，导致单位质量 LZH 吸附 CR 染料吸附能力减小。由此可见，该 LZH 材料在偏中性环境下吸附效果较好。

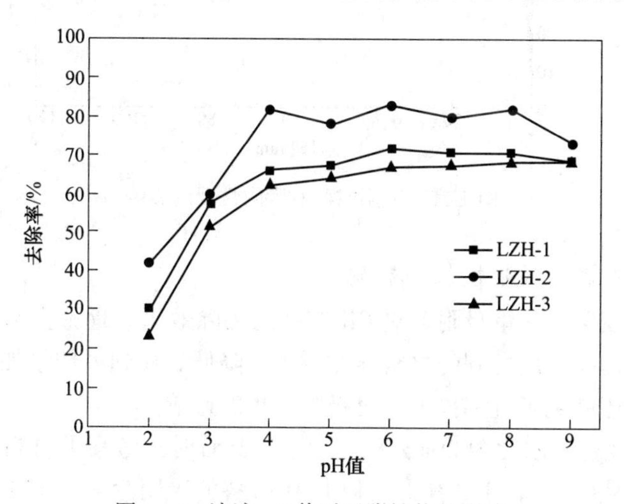

图 1-15 溶液 pH 值对吸附性能的影响

反应时间是研究材料吸附性能的重要因素。如果材料能快速达到吸附平衡，则说明该材料对 CR 溶液有较好的吸附性能。

从图 1-16 中可以看出，在 CR 溶液初始浓度为 40mg/L，材料投加量为 0.75g/L，温度 25℃时，LZH 材料对 CR 染料可以分为如下部分。

（1）快速吸附部分。在吸附开始至 5min，吸附快速增加达从 0%到 90.2%。这是因为刚开始吸附阶段材料表面大量的吸附活性位点暴露在外，溶液中染料阴离子浓度高，层间驱动力大，大量吸附位点阴离子染料迅速结合。

（2）缓慢吸附部分。5min 后 LZH-1、LZH-2 和 LZH-3 对 CR 染料的去除率分别达到 90%、64%、89.1%；随着反应时间的延长，其吸附效果增加相对较慢，反应时间增加到 120min，吸附效果达到 98.3%、92.6%、88%。这是因为吸附进行到 5min 后吸附活性位点基本被占据，同时溶液中阴离子染料浓度降低，层间驱动力变小，不易与吸附活性位点结合，吸附难度增加，吸附速率下降，最终达到吸附平衡。当反应时间为 120min 时，吸附率达到 98.3%，实现了在该条件下最佳吸附效果，这与文献报道一致。因此，为了尽可能达到最佳吸附效果，反应时间应选择 120min。

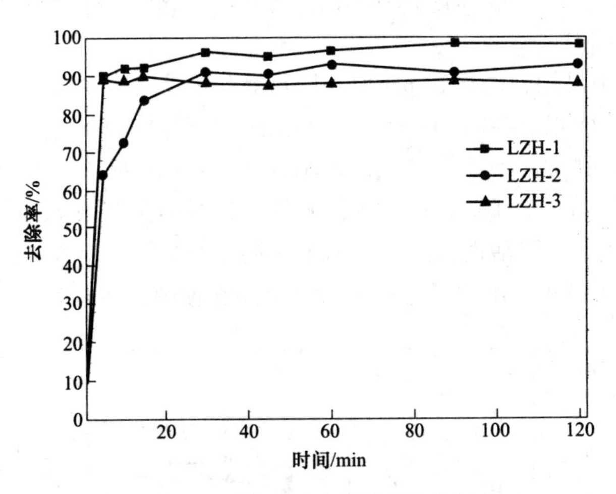

图 1-16　吸附时间对吸附性能的影响

B　LZH 质量对吸附性能的影响

投加量代表单位质量吸附剂对 CR 溶液的去除效果。理论上来说投加量越多去除效率随之提高，但过剩的材料导致利用率降低。找到最佳投加量不但能够节约成本，而且还避免了过多投加量对吸附效果的影响。

在 CR 溶液初始浓度为 20mg/L，温度为 25℃时，考察了材料投加量对吸附性能的影响。从图 1-17 可以看出三种 LZH 材料的吸附效果，对 LZH-1 和 LZH-2 来说，投加量为 0.5g/L 时，对 CR 染料吸附较低，因为 LZH 较少，染料浓度高

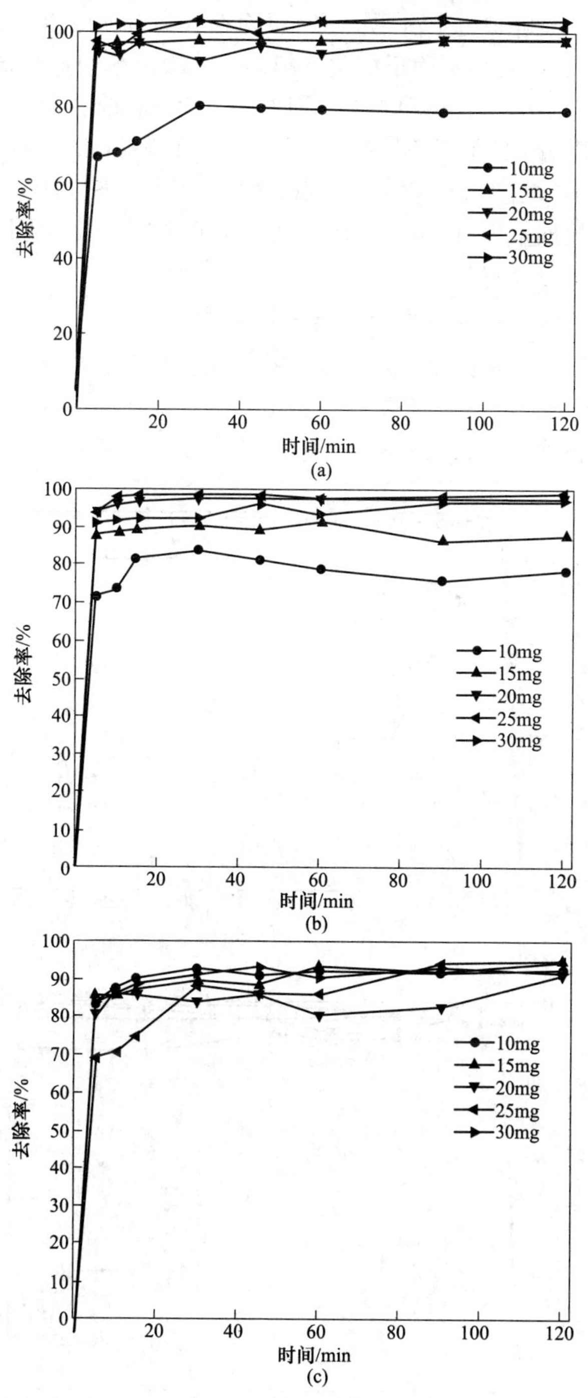

图 1-17 三种 LZH 材料投加量对吸附性能的影响

(a) LZH-1；(b) LZH-2；(c) LZH-3

表面吸附位点几乎能够被完全占用，最大吸附率分别为 61%和 72%；随着投加量增加（20~50mg），可提供吸附反应位点越多，其吸附率快速增加，呈增大的趋势，最大吸附率分别为 98.3%和 99%。但增长幅度没有前者大，其原因可能是随着投加量增加，随着 CR 染料不断被吸附，剩余 CR 染料浓度不断减少，相应的浓度梯度不断减小，给予反应驱动力降低有关。然而对于 LZH-3 材料，在所研究投加量范围中，投加量为 10mg 时反而较高，这可能与 LZH-3 层厚变薄导致层间离子增多交换能力提高有关。

C　吸附温度和溶液浓度对吸附性能的影响

在 CR 溶液初始溶度为 20mg/L，材料投加量为 0.75g/L 时，考察吸附温度对吸附性能的影响。如图 1-18 所示，在 20.0~40.0℃，对于 LZH-1 材料，20.0℃时达到吸附平衡去除率为 85%；随着温度的不断增加，其对 CR 的吸附率逐渐增

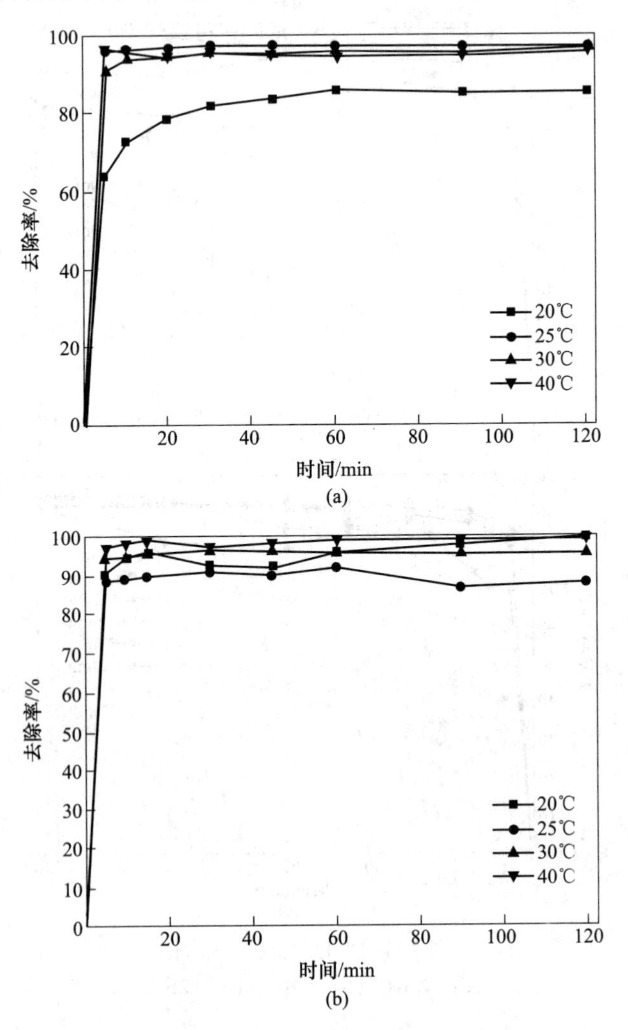

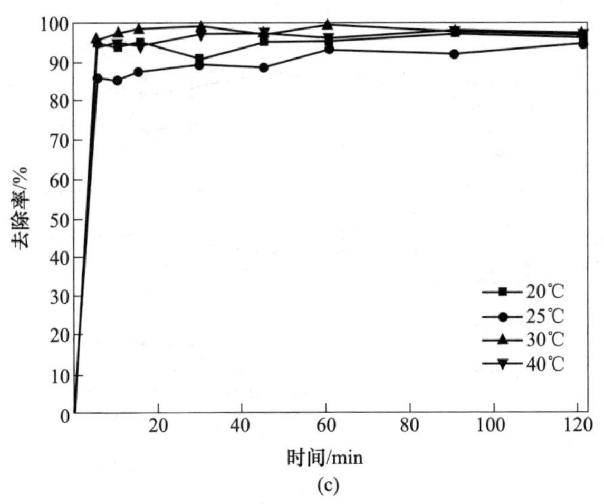

(c)

图 1-18 吸附温度对吸附性能的影响

(a) LZH-1；(b) LZH-2；(c) LZH-3

大，25.0~40.0℃温度区间，25.0℃时对 CR 去除率最高 97%。然而，LZH-2 和 LZH-3 两种材料对 CR 去除率相似，25.0℃时对 CR 去除率 87.6%和 94%，40℃对 CR 去除率最好达到 99%和 97%。为了实际处理废水效果，LZH-1 材料选择最佳 25.0℃，而 LZH-2 和 LZH-3 两种材料选择 40℃。

当材料投加量为 0.75g/L，温度 25℃时，不同浓度 CR 溶液在三种材料的吸附效果随时间变化的结果如图 1-19 所示。从图中可以看出，CR 在较低浓度时吸附效果优异，而随着 CR 浓度的增加吸附效果逐渐降低且吸附平衡时间增加。这可能是 CR 溶度较低时，未达到最大吸附容量，CR 染料几乎都能吸附活性位点结合，在高浓度时，随着 CR 分子越来越多，吸附位点逐渐被占据，达到最大吸附容量从而吸附率降低。

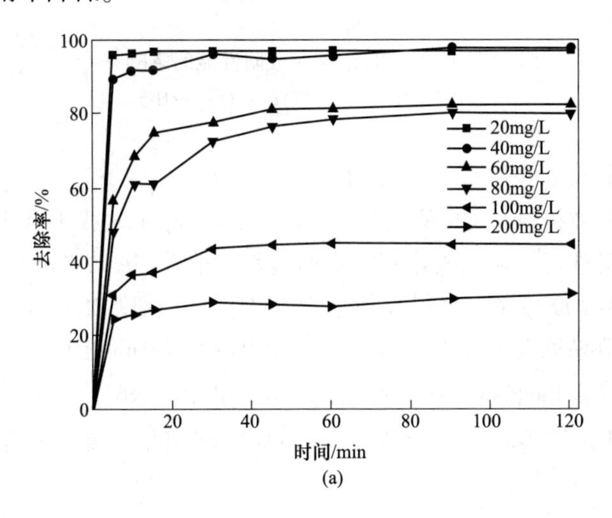

(a)

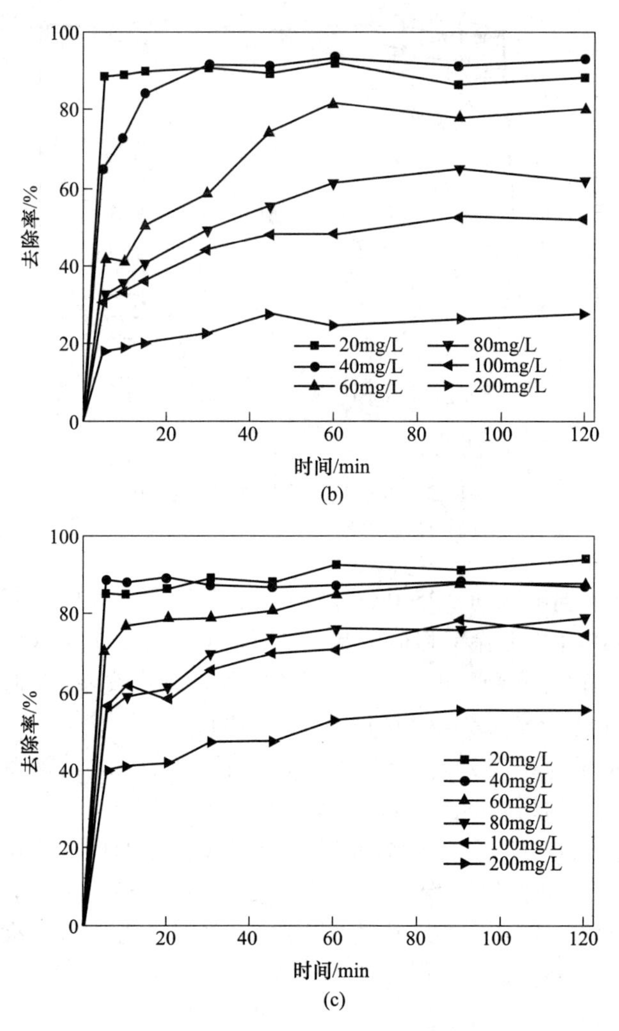

图 1-19　CR 浓度对吸附性能的影响

（a）LZH-1；（b）LZH-2；（c）LZH-3

D　等温吸附与吸附动力学分析

为了比较三种材料对 CR 的吸附容量，采用 Langmuir 模型和 Freundlich 模型对等温实验数据进行拟合来描述其吸附的过程，结果如图 1-20 所示。在 CR 溶液初始溶度为 20～200mg/L，材料投加量为 0. 75g/L，温度 25℃时，根据实验所得到的数据拟合结果见表 1-4，Langmuir 的 $R^2 \geqslant 0.98$，Freundlich 的 $R^2 \geqslant 0.59$。这表明吸附过程更符合 Langmuir 型等温吸附，属于单分子层吸附，且通过计算所得的最大吸附容量 Q_m 分别为 81. 3mg/g、73. 5mg/g 和 166mg/g，与实验计算吸附量相符。

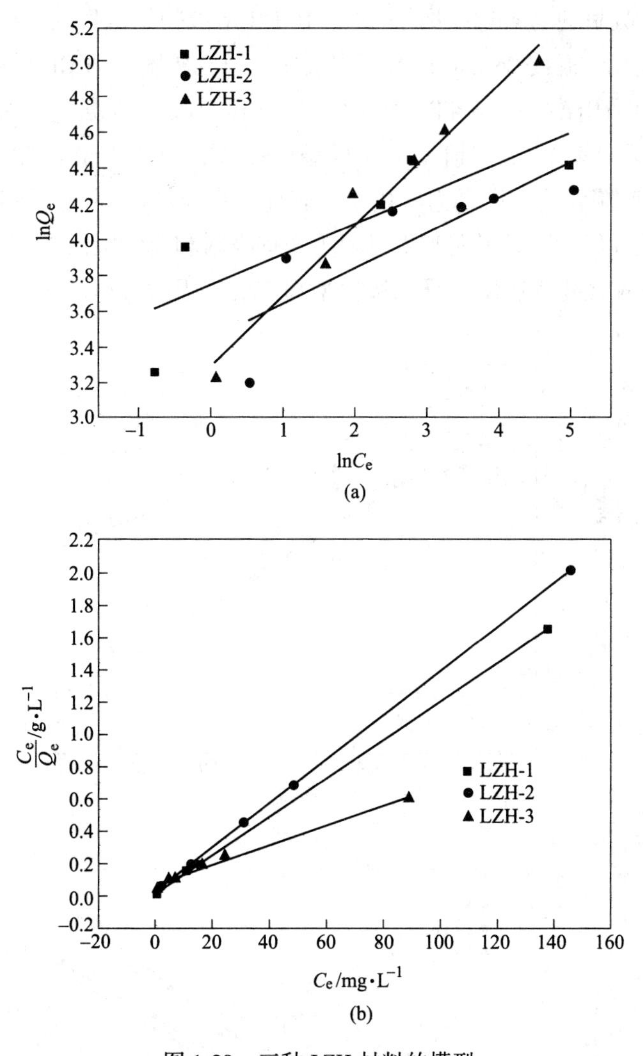

图 1-20　三种 LZH 材料的模型

（a）Freundlich 模型；（b）Langmuir 模型

表 1-4　等温吸附 CR 模型拟合参数

材料	Langmuir 方程			Freundlich 方程		
	Q_m/mg·kg^{-1}	k_L	R^2	n	k_F	R^2
LZH-1	83.4028	1.06388	0.99952	5.7870	42.4072	0.59894
LZH-2	73.260	0.3904	0.99967	4.9640	31.2543	0.61418
LZH-3	163.666	0.08929	0.98426	2.4756	26.6556	0.96234

为了探究吸附剂对CR的吸附机理，在CR溶液初始浓度为60mg/L，材料投加量为0.75 g/L，温度25℃时进行吸附实验，研究吸附剂对CR的吸附量随时间的变化关系，采用准一级和准二级动力学方程对实验数据进行分析拟合（见图1-21），结果见表1-5，二阶动力学模型的相关系数均大于0.99。这表明三种材料对CR的吸附符合二阶动力学模型，表征了反应的外部液膜扩散、表面吸附和颗粒内扩散过程，同时说明吸附过程为物理吸附和化学吸附相结合的过程，表明该吸附过程存在化学吸附，准二级模型真实反应吸附过程。

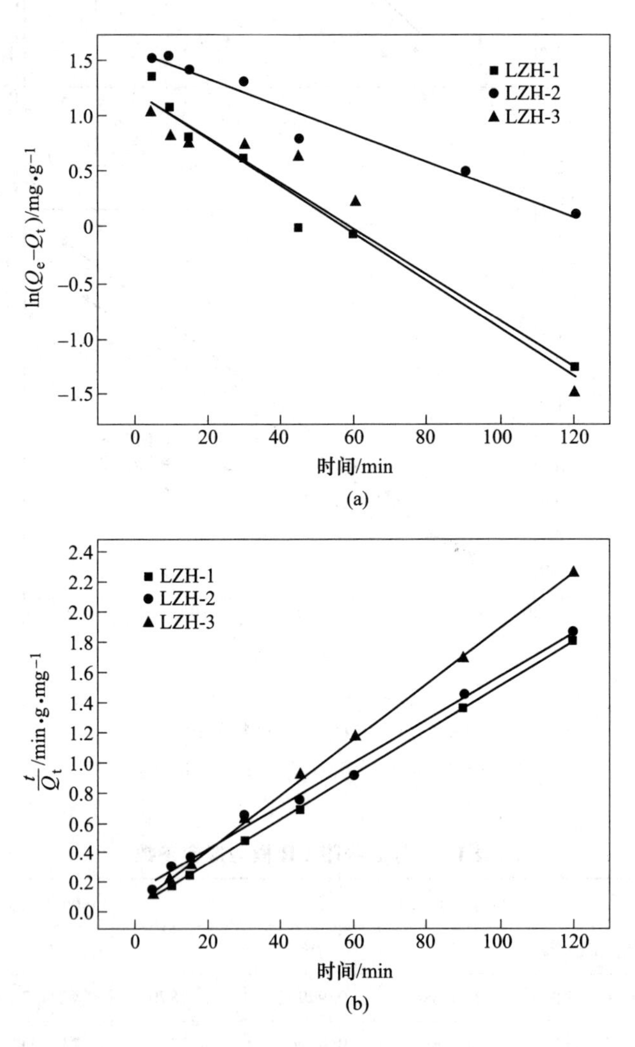

图1-21 三种LZH材料的动力学模型

（a）准一级动力学模型；（b）准二级动力学模型

表 1-5 吸附 CR 动力学参数

材料	准一级动力学			准二级动力学		
	Q_e/mg · g^{-1}	K_1/min^{-1}	R^2	Q_e/mg · g^{-1}	K_2/g · mg^{-1} · min^{-1}	R^2
LZH-1	16.7621	0.04911	0.96022	67.7048	0.0668	0.9999
LZH-2	37.2112	0.0287	0.95725	69.5894	0.0015	0.99138
LZH-3	19.467	0.04239	0.93023	71.8081	0.0056	0.99896

1.3.1.4 重复性实验

材料的回收利用在实际生产中具有重要意义。由于 CR 在吸附时基本是单层吸附与表面吸附，LZH 材料的层状结构没有改变，只要把 CR 从 LZH 层间脱附即可实现再生，因此 LZH 的回收与重复利用相对简单。利用 0.01mol/L 氢氧化钠溶液做脱附溶剂，在超声条件下脱附 30min，重复三次。从图 1-22 可以看出，重复再生利用率均在 98%以上。与 LZH 材料相比，吸附平衡的去除率基本保持不变，只有略微下降。LZH 稳定性强，能够很好地保持原有的空隙和层状结构，略微下降的原因是 CR 并没有被完全脱附下来。这说明 LZH 具有优越的回收利用率，将有可能被用于实际生产中。

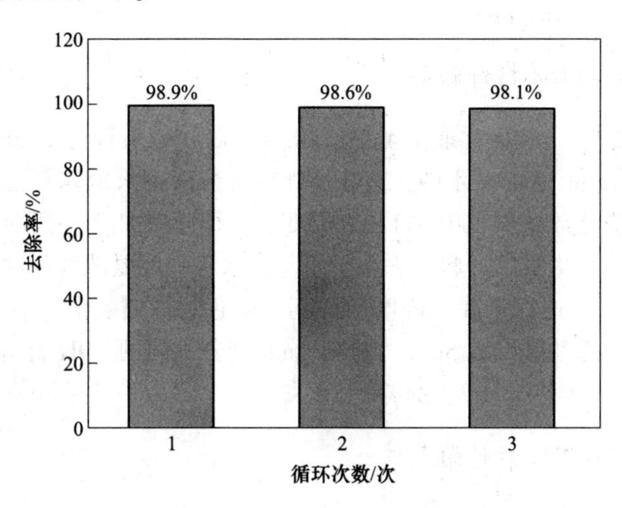

图 1-22 LZH-2 的回收和重复实验

1.3.1.5 小结

本节通过水热合成法成功制备了 Zn 基水滑石材料，研究了影响形貌形成的因素和 LZH 对 CR 的吸附性能，对吸附机理与理论进行分析。具体结果如下。

(1) 通过水热合成法以三乙醇胺为模板剂成功制备了具有规整六边形二维

片状结构的三种 LZH 材料，通过 XRD、FT-IR 图谱及 SEM、BET、TG 图像等一系列表征进行分析。XRD 图谱表明材料含有典型的类水滑石衍射峰，能够提供更多的活性位点，使得材料对 CR 拥有更高的吸附效率；TAG 结果表明材料具有较好的热稳定性。

(2) 以 CR 模拟废水，发现 LZH 对 CR 有良好的吸附效果，并研究各因素对吸附过程的影响。吸附平衡试验分析表明，三种 LZH 材料对 CR 的吸附均符合 Langmuir 模型，表明样品对 CR 染料溶液的吸附为单层吸附；吸附动力学分析表明存在化学吸附；三次回收率均在 98%以上，具有优越的回收利用性。

1.3.2　Zn-Cu-LDH 材料制备及吸附性能研究

基于前面对 LZH 材料表征及性质研究可知，制备的 LZH 具有规则的片状结构，且对 CR 染料具有一定的吸附作用，但总体表现出较小的吸附容量，所以通过改进制备技术与方法来进一步提高材料的吸附容量。由于 LDHs 具有层板可调控性与层间离子可交换性，本节从这两个方面对制备材料进行改性。首先由于 Cu^{2+} 与 Zn^{2+} 具有相似的离子半径，通过同晶取代可以制备双金属氢氧化物 (LDH)，同时插层阴离子改为更容易被置换的硝酸根离子来进一步提高材料的吸附效果。

1.3.2.1　Zn-Cu-LDH 材料制备

以摩尔比 1∶1 的比例称取 1.4378g（0.005mol）硝酸锌与 1.208g（0.005mol）硝酸铜放入到 12mL 去离子水中，充分搅拌后将溶液倒入聚四氟乙烯内衬放入反应釜中，将反应釜放入烘箱中在 110℃温度下进行反应 3h。一段时间后待反应釜温度降至室温，将生成的材料用去离子水与无水乙醇反复洗滤两次，最后放入真空干燥箱在 70℃下进行干燥。研磨后得到淡蓝色粉体材料装入自封袋中标记备用。通过改变三乙醇胺量 0.5mL、1mL、2mL 制备不同的 LDH 材料，分别标记为 Zn-Cu-LDH-1、Zn-Cu-LDH-2、Zn-Cu-LDH-3。

1.3.2.2　Zn-Cu-LDH 材料的表征

图 1-23 可以清晰地看出 Zn-Cu-LDH-1、Zn-Cu-LDH-2、Zn-Cu-LDH-3 三种材料具有典型的二维层状结构，所制得 Zn-Cu-LDH-1 和 Zn-Cu-LDH-2 的形貌呈现三维纳米花状结构，直径为 4~9μm，该花状结构是由二维层状类水滑石在生长过程中向各个方向堆叠卷曲而成。Zn-Cu-LDH-1 具有规则的花状结构。大小尺寸均一，随着三乙醇胺量的增加，明显改变材料的形貌，更加趋向于二维结构，堆叠更加严重，由花状转变为不规则的片状结构。这是由于三乙醇胺量的增加，溶液的 pH 值过高，容易形成氢氧化物杂相，并且过多的 TEOA 迅速提供大量的 OH^-

使晶体生长速率较快，各个方向随机生长。

图 1-23 三种 Zn-Cu-LDH 材料的电镜
（a）Zn-Cu-LDH-1；（b）Zn-Cu-LDH-2；（c）Zn-Cu-LDH-3

图 1-24 表明材料 Zn-Cu-LDH 在 2θ 为 13.1°、26.7°、36.2°均出现了尖锐的对称特征衍射峰，分别对应 LDH 材料的（003），（006），（009）峰面，是典型的类水滑石衍射峰，且具有良好的倍数关系，证明制备的材料中层状双金属氢氧化物相具有高的纯度和良好的结晶度。随着三乙醇胺量的增加，类水滑石的特征衍射峰的位置基本没有发生变化，说明三乙醇胺的量在一定范围内对晶型结构基本没有影响，且没有其他杂峰出现，说明生成的材料具有较高的纯度。

由图 1-25 可知，3544cm^{-1}和 1631cm^{-1}处的吸收峰为层间水分子以及层板上羟基的 O—H 的伸缩振动所造成，1384cm^{-1}处的吸收峰是 NO_3^- 的不对称伸缩振动引起，600~800cm^{-1}的吸收峰是金属-氧原子（Zn—O、Cu—O）及氧原子-金属-氧原子（O—Zn—O、O—Cu—O）的晶格振动造成的。以上结果表明三种材料中均含典型水滑石的特征振动峰，同 XRD 分析结果一致，H_2O，OH^-和 NO_3^- 成功插层到 Zn-Cu-LDH-1、Zn-Cu-LDH-2、Zn-Cu-LDH-3 的层间。

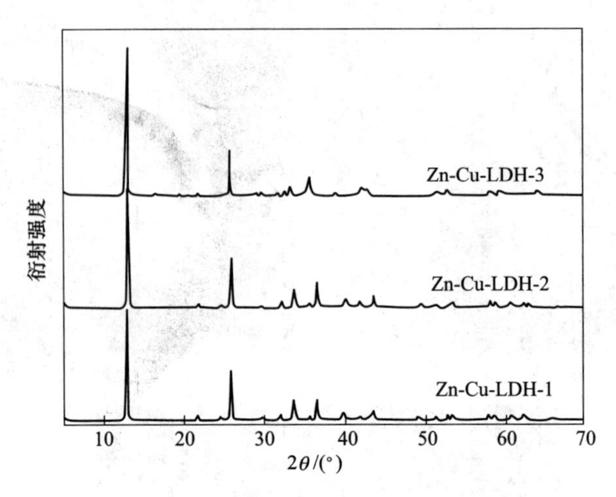

图 1-24　三种 Zn-Cu-LDH 材料的 XRD 图

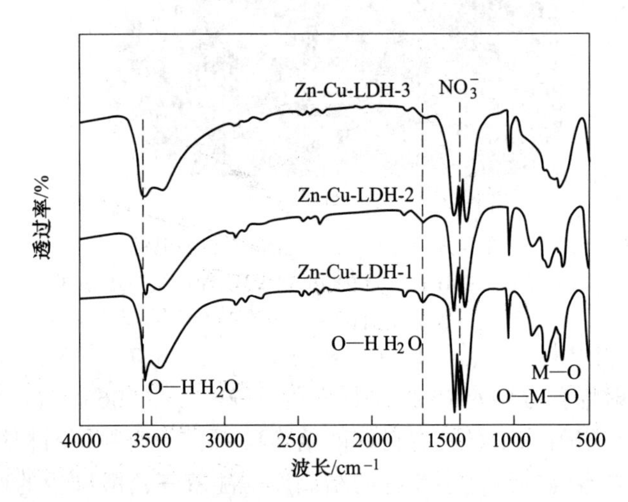

图 1-25　三种 Zn-Cu-LDH 材料的 FT-IR 图

由图 1-26 和图 1-27 所示，结果表明 Zn-Cu-LDH-1、Zn-Cu-LDH-2 和 Zn-Cu-LDH-3 三种材料 N_2 气体吸附—脱附属于典型的 H_3 型滞回曲线。H_3 型迟滞回曲线主要由片状颗粒材料，或由裂隙孔材料引起，在较高相对压力区域表现为不饱和吸附，这说明 LDH 材料是由层状结构堆叠而成。其比表面积分别为 3.0768m^2/g、2.2092m^2/g、1.4897m^2/g LDH 材料的孔径多为大孔结构，其孔体积大小分别 0.011897cm^3/g、0.008501cm^3/g、0.008289cm^3/g，平均孔径分别为 15.58282nm、15.66403nm、22.3942nm，这一结果与 SEM 图相吻合。

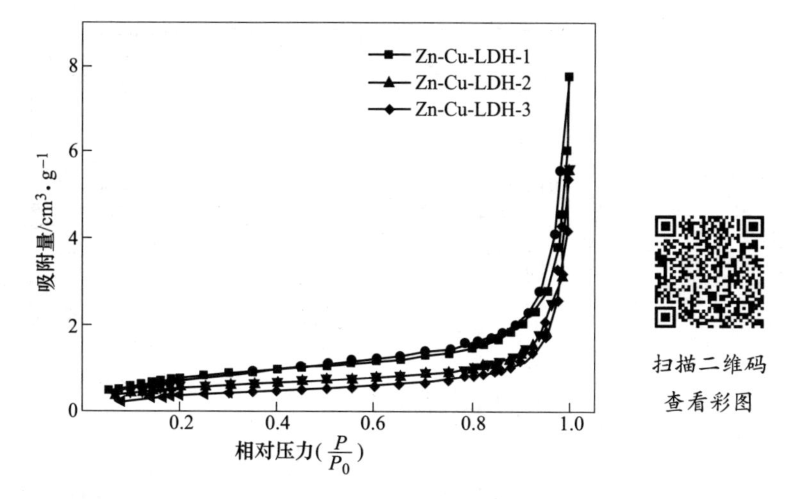

图 1-26 Zn-Cu-LDH 材料的 N_2 吸脱附曲线

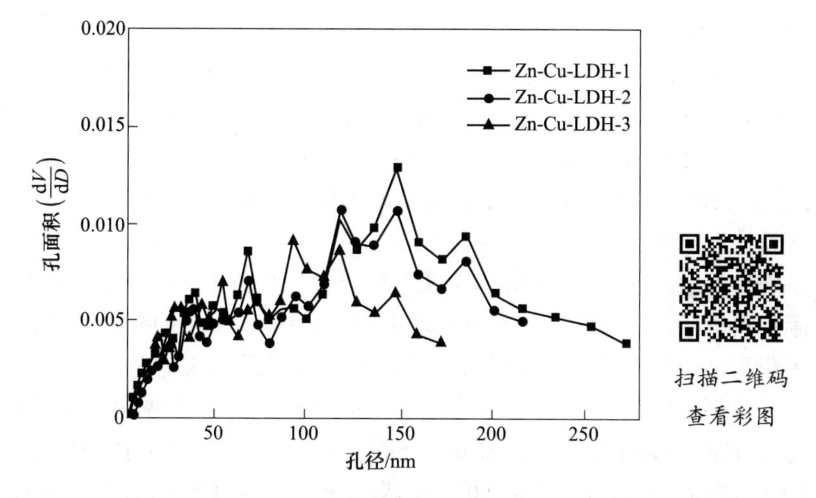

图 1-27 Zn-Cu-LDH 材料的孔径分布图

1.3.2.3 Zn-Cu-LDH 材料吸附性能影响因素研究

A 不同染料对吸附效果的影响

配制 500mg/L 的不同染料，移取 20mL 染料溶液，LDH 投加量 1g/L，温度 25℃，在吸附时间 120min 内研究 LDH 在不同染料中的吸附效果。由图 1-28 中可以看出，LDH 对多种染料都有较好的吸附效果，其中对 MO 的降解率达到 99.5%。LDH 对染料的吸附表现出快速吸附，基本在 10min 内达到平衡，10min 之后去除率虽然略有变化整体表现出平衡状态。后续对 MO 的吸附效果进行一系列研究。

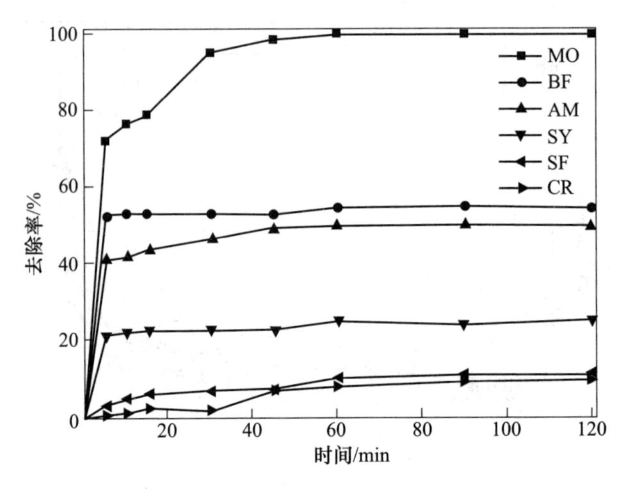

图 1-28　Zn-Cu-LDH 材料对不同染料的吸附效果

B　材料投加量对吸附性能的影响

在 MO 染料溶液初始浓度为 500mg/L，温度为 25℃条件下考察吸附时间在 120min 内不同材料投加量对 Zn-Cu-LDH 吸附 CR 的影响。由图 1-29 可见，Zn-Cu-LDH-1、Zn-Cu-LDH-2、Zn-Cu-LDH-3 三种 LDH 材料的吸附效果，对于 Zn-Cu-LDH-1 和Zn-Cu-LDH-2 材料来说，投加量在 0.5～1.0g/L 时，染料去除率随着投加量的增加而增大。Zn-Cu-LDH-1 在 1g/L 时达到最大，吸附率为 99.4%，这是因为投加量较少时染料浓度高吸附位点被完全占用，随着投加量增加，提供的吸附位点也越多，最终几乎完全吸附染料。而随着投加量的进一步增大，在 1.5g/L 吸附平衡时吸附效率为 99.5%并没有进一步提升，这是因为达到吸附平衡时染料溶度过低，吸附时的层间驱动力也相应降低。而达到吸附平衡的时间由投加量 1g/L 时的 60min 降低为投加量 1.5g/L 时的 30min，这是因为随着投加量的增加提供的吸附活性位点增多，相应的吸附速率也进而增大。对于 Zn-Cu-LDH-3 材料来说，投加量在 0.5～1.5g/L 时，染料去除率都随着投加量的增加而增大，没有在 1g/L 达到最大吸附率，这是因为这种材料比表面积较小，单位质量内所提供的吸附活性位点相对于 Zn-Cu-LDH-1 和 Zn-Cu-LDH-2 较少。考虑到 Zn-Cu-LDH-1 和Zn-Cu-LDH-2 材料投加量在 1g/L 和 1.5g/L 时对 MO 的去除效率并没有明显的提高，从经济成本角度考虑，后续一系列实验采用投加量为 1g/L。

C　溶液 pH 值对吸附性能的影响

在 MO 染料溶液初始浓度 500mg/L，LDH 投加量 1g/L，温度 25℃，吸附时间 90min 条件下研究 MO 溶液在不同 pH 值下对材料 Zn-Cu-LDH-1 和 Zn-Cu-LDH-2 吸附效果的影响。由于 Zn-Cu-LDH-3 的吸附容量较小，MO 染料溶液初始浓度改为 100mg/L，其余条件不变，调节 MO 染料溶液 pH 值为 3～10。

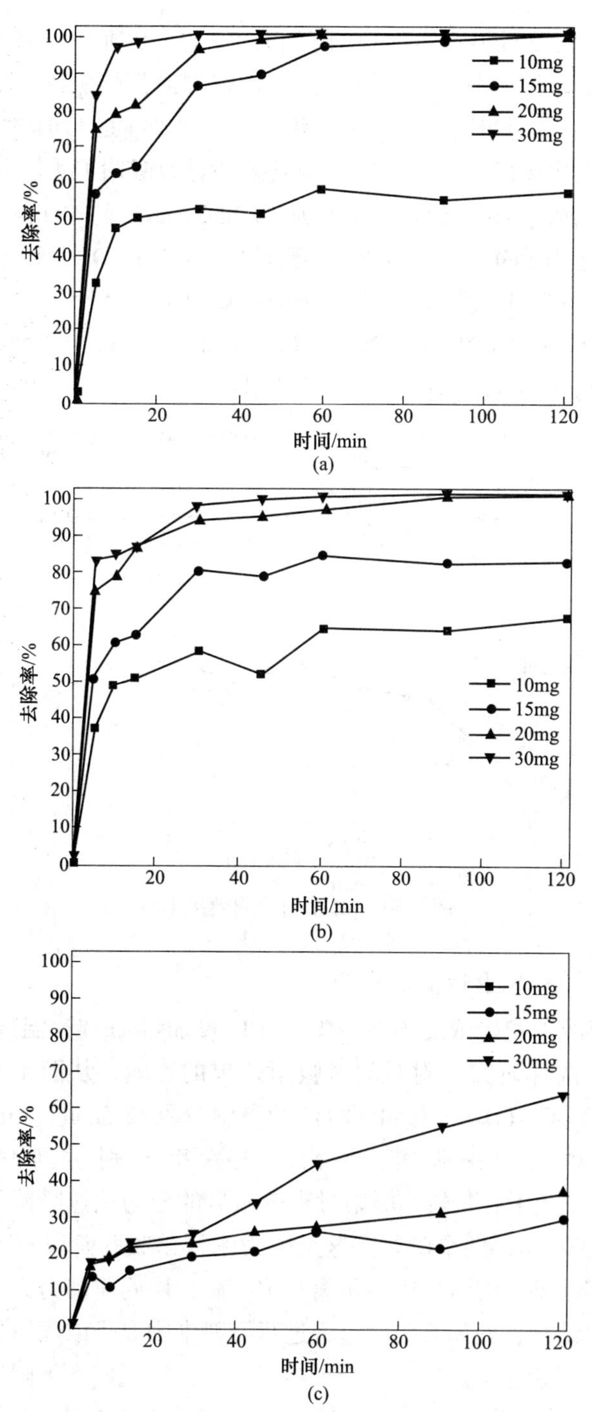

图 1-29 三种 Zn-Cu-LDH 材料投加量对吸附效果影响

（a）Zn-Cu-LDH-1；（b）Zn-Cu-LDH-2；（c）Zn-Cu-LDH-3

从图 1-30 中可以看出，三种材料在 pH 值 = 5 ~ 9 都有较稳定的吸附效果。LDH 具有酸碱双共性，则材料在较广的 pH 值范围内都能保持良好的物理化学稳定性。溶液 pH 值<5 时吸附能力迅速下降，其原因可能是 LDH 在强酸性条件下，LDH 材料与 H^+发生反应分解，片状结构被破坏导致吸附能力下降。称取制备的 Zn-Cu-LDH 材料 20mg 加入 20mL pH 值为 3 的 500mg/L 的 MO 溶液中搅拌 10min 后，溶液 pH 值上升到 4.7，上述猜想得到证实。pH 值>9 时吸附能力略有下降，溶液 pH 值过高，则 OH^-过多，与阴离子染料竞争吸附活性位点，阴离子交换能力减弱，导致单位质量 LDH 吸附 MO 染料吸附能力减小。由此可见，该 LDH 材料在中性或弱酸弱碱环境下有较好的吸附效果。

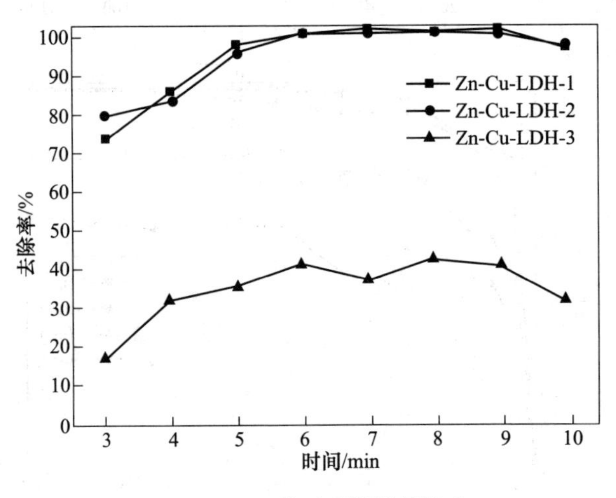

图 1-30　pH 值对吸附效果影响

D　反应时间对吸附性能的影响

在 MO 染料溶液初始浓度 100mg/L，LDH 投加量 1g/L，温度 25℃条件下每隔一定时间取一次样研究吸附时间对吸附效果的影响。从图 1-31 中可以看出，Zn-Cu-LDH-1、Zn-Cu-LDH-2 对 MO 溶液的吸附分别在 5min、15min 时达到吸附平衡，整体表现为快速吸附，平衡时去除率分别达到 99.5%、98.9%。Zn-Cu-LDH-3 由于吸附容量较小吸附过程较明显的分为快速吸附（0 ~ 15min）与缓慢吸附（15 ~ 90min）两个阶段。这是因为刚开始吸附阶段材料表面大量的吸附活性位点暴露在外，溶液中染料阴离子浓度高，层间驱动力大，大量吸附位点阴离子染料迅速结合，而随着吸附过程进行染料中阴离子浓度降低，层间驱动力变小，不易与吸附活性位点结合，吸附难度增加，吸附速率下降，最终达到吸附平衡。以上结果可以看出，Zn-Cu-LDH-1、Zn-Cu-LDH-2 对 MO 的去除率极高，说明该材料对 MO 的吸附效率极强，能够迅速达到吸附平衡。

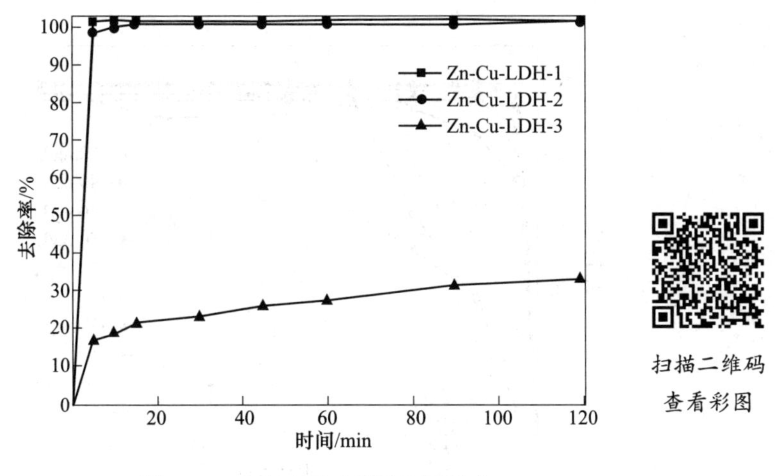

图 1-31 反应时间对吸附效果影响

E 溶液浓度对吸附性能的影响

配制初始浓度在 20~500mg/L 不同浓度的 MO 染料溶液，LDH 投加量为 1g/L，温度 25℃条件下每隔一定时间取一次样研究溶液浓度对吸附效果的影响。从图 1-32 中可以看出，Zn-Cu-LDH-1 的吸附效果最好，MO 浓度为 20~500mg/L 时都表现出优异的吸附效果，去除率虽然略有波动但都在 99%以上，但当染料浓度进一步提高至 550mg/L 时，吸附率明显地降低为 84%；材料 Zn-Cu-LDH-2 表现为相同的规律；材料 Zn-Cu-LDH-3 吸附效率随着 MO 浓度的增加而逐渐降低，这是因为随着 MO 分子越来越多，吸附位点逐渐被占据，达到最大吸附容量从而吸附率降低。经计算，Zn-Cu-LDH-1、Zn-Cu-LDH-2、Zn-Cu-LDH-3 的实际最大吸附容量分别为 497.7mg/g、496.1mg/g、50.1mg/g。

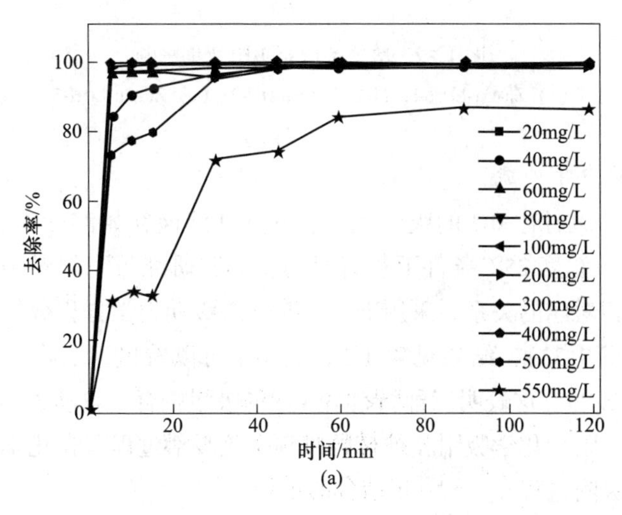

(a)

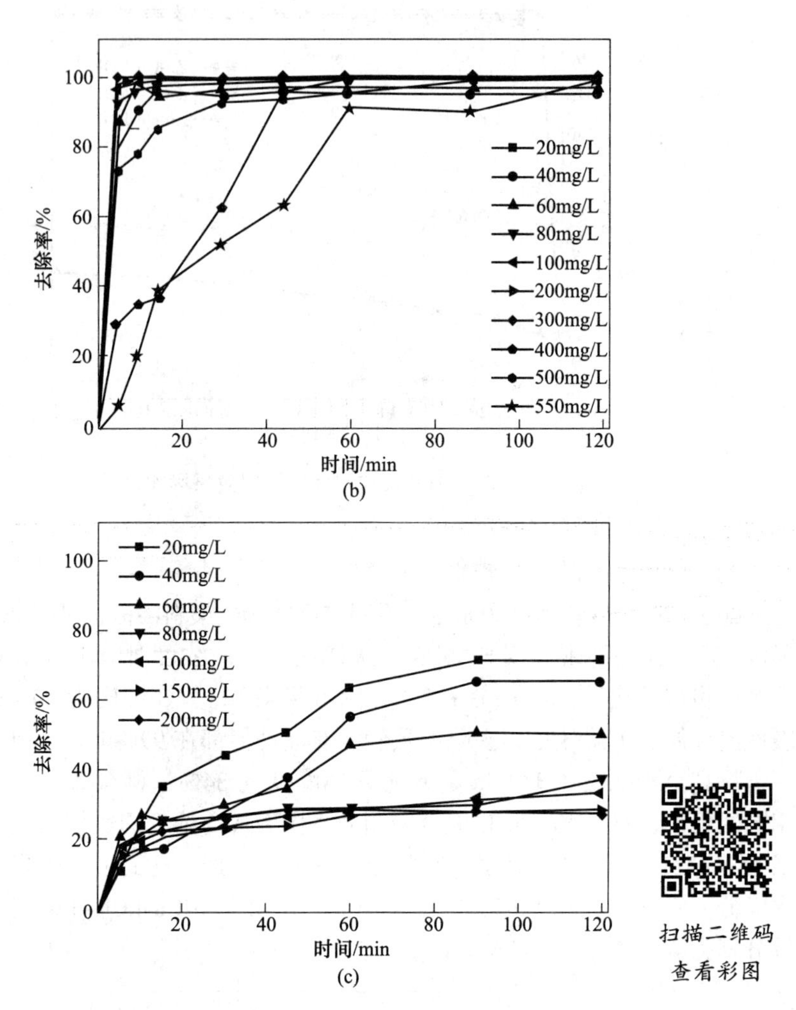

图 1-32　溶液浓度对吸附效果影响

（a）Zn-Cu-LDH-1；（b）Zn-Cu-LDH-2；（c）Zn-Cu-LDH-3

F　吸附动力学曲线

为了探究吸附剂对 MO 的吸附机理，在 MO 溶液初始溶度为 60mg/L，材料投加量为 1g/L，温度 25℃条件下进行吸附实验，研究吸附剂对 MO 的吸附量与吸附时间之间相对应的关系。采用准一级与准二级动力学方程分析，对实验数据进行拟合（见图 1-33），结果见表 1-6。从表中可以看出，二阶动力学模型的相关系数均大于 0.99，这表明三种材料对 MO 的吸附符合二阶动力学模型，说明吸附过程为物理吸附和化学吸附相结合的过程，该吸附过程存在化学吸附，准二级模型真实反应吸附过程。

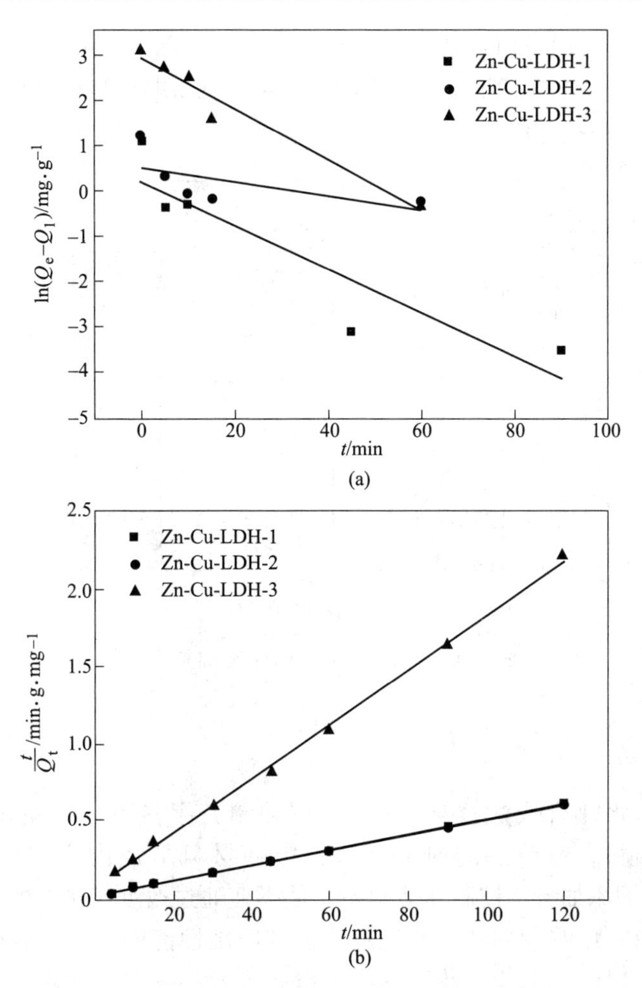

图 1-33 三种 Zn-Cu-LDH 材料的动力学模型

（a）准一级动力学模型；（b）准二级动力学模型

表 1-6 吸附 MO 动力学参数

材料	准一级动力学			准二级动力学		
	Q_e/mg · g^{-1}	K_1/min^{-1}	R^2	Q_e/mg · g^{-1}	K_2/g · mg^{-1} · min^{-1}	R^2
Zn-Cu-LDH-1	1. 167	0. 04736	0. 7823	198. 8	0. 1267	1
Zn-Cu-LDH-2	1. 592	0. 01544	0. 1605	199. 2	0. 0501	0. 9999
Zn-Cu-LDH-3	18. 19	0. 05581	0. 9438	56. 4	0. 0061	0. 9981

1. 3. 2. 4 重复性实验

利用 0. 01mol/L 氢氧化钠溶液做脱附溶剂，在超声条件下脱附 30min，重复三次，重复再生利用率由最初的 99.3% 到 97.9%。与 Zn-Cu-LDH 材料相比，吸附平衡的去除率基本保持不变，只有略微下降。这表明材料性质稳定，可重复利用性好，如图 1-34 所示。

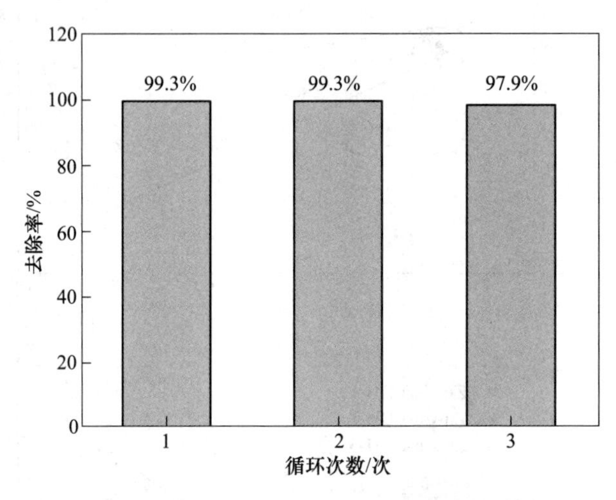

图 1-34 Zn-Cu-LDH-1 的回收和重复实验

1.3.2.5 小结

本节通过水热合成法掺杂 Cu 元素成功制备了具有三维纳米花状结构的 Zn-Cu-LDH 材料。由前面的研究可知，影响材料形成的主要因素是三乙醇胺（TEOA）的添加量，控制其他制备条件不变通过改变 TEOA 的添加量制备三种不同的 Zn-Cu-LDH 材料，对其进行表征和吸附性能的研究。表征结果表明所制备的 Zn-Cu-LDH 材料由二维层状类水滑石堆叠卷曲三维纳米花状结构，结晶度良好。

Zn-Cu-LDH 相对于 LZH 材料吸附性能有明显的提高，原因可能为：

（1）三维纳米花状结构与染料分子有着更大的接触面积，更多的吸附活性位点。

（2）插层的 NO_3^- 更容易与 MO 分子进行离子交换。考察了各因素对其吸附效果的影响，当 TEOA 添加量在 0.5mL 时所制备的材料吸附效果最佳，其在 60min 内吸附 MO（500mg/L）的去除率达到 99.4%，这说明 Zn-Cu-LDH 对高浓度 MO 废水有着优异的处理效果。

1.4 LZH/g-C_3N_4 材料制备及光催化性能研究

g-C_3N_4 具有层状共轭结构，是一种新型的半导体光催化剂，其在温和的环境条件下具有良好的稳定性，同时在光催化领域中表现出优异的性能。LZH 材料因为具有较大的比表面积，有着优异的吸附效果；但在光催化性能方面表现不足，且相关的研究报道也较少。由于光催化反应不易产生二次污染，秉承绿色环保的理念，本节通过添加不同质量的 g-C_3N_4，利用水热合成法制备 LZH/g-C_3N_4 复合材料，通过一系列表征与光催化性能实验来研究 LZH/g-C_3N_4 复合光催化材料对 CR 染料的光催化降解能力，并对复合材料光催化降解 CR 的作用机理进行探讨。

1.4.1 LZH/g-C_3N_4 材料制备与表征

1.4.1.1 LZH/g-C_3N_4 材料制备

A g-C_3N_4 的制备

以三聚氰胺（$C_3H_6N_6$）为原料置于马弗炉中煅烧，以 5℃/min 的升温速率由 30℃升至设定温度 550℃，在此温度下保温 2h，发生缩聚反应，待温度自然降至室温，去除煅烧后黄色材料后，研磨至粉末状，装袋后标记备用。

B LZH/g-C_3N_4 复合材料的制备

称取 0.01mol $ZnSO_4$ 和 30mg g-C_3N_4 放入聚四氟乙烯内衬中，加入 12mL 去离子水，缓慢逐滴加入 2mL TEOA，在磁力搅拌器上混合均匀后放入反应釜，在烘箱中 110℃下老化 1h，待自然冷却至室温后，将产物用去离子水和乙醇反复多次洗涤，放入真空干燥箱中 60℃干燥 12h，研磨得到淡黄色粉体材料，装袋后标记备用，记作 LZH/g-C_3N_4。

1.4.1.2 LZH/g-C_3N_4 材料表征

A 材料的形貌结构

为了研究 g-C_3N_4 的掺杂对材料形貌的影响，从图 1-35 和图 1-36 可以看出，g-C_3N_4 为不规则的片状结构，这与文献中报道一致，同时明显地看出，LZH/g-C_3N_4

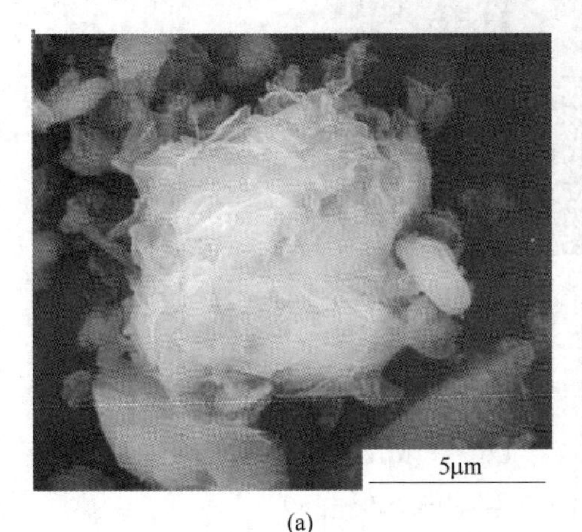

(a)

(b)

图 1-35　电镜图

(a) $g\text{-}C_3N_4$；(b) LZH；(c) LZH/$g\text{-}C_3N_4$(ω=4%)；
(d) LZH/$g\text{-}C_3N_4$(ω=5%)；(e) LZH/$g\text{-}C_3N_4$(ω=7%)；
(f) LZH/$g\text{-}C_3N_4$(ω=14%)；(g) LZH/$g\text{-}C_3N_4$(ω=4%)

复合材料中具有规则六边形形貌的片状结构材料的 LZH，还有 g-C_3N_4 与 LZH 的材料有部分堆积重合。通过能谱分析检测到 C、N 两种元素，因为 LZH 中不含有 C、N 元素，因此断定为 g-C_3N_4，说明两种材料成功复合。g-C_3N_4 在 SEM 图中分布较少是因为 g-C_3N_4 在 LZH/g-C_3N_4 中质量占比较少，同时 LZH 是以 g-C_3N_4 为模板生长其表面，g-C_3N_4 被包裹在内部不易被发现。

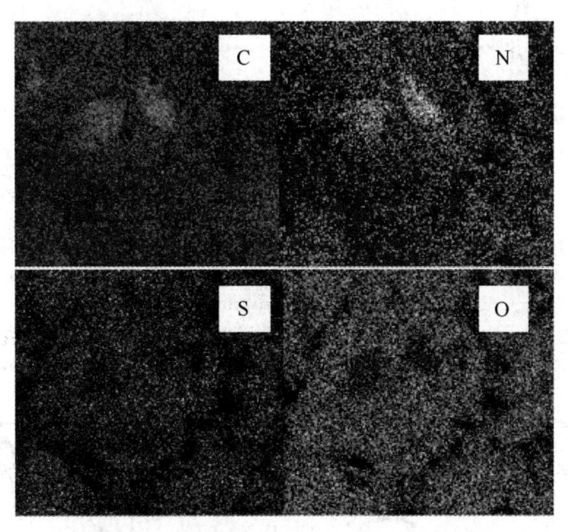

扫描二维码
查看彩图

图 1-36 LZH/g-C_3N_4($\omega=4\%$)元素映射图谱

B 材料的 XRD 和红外分析

由图 1-37(a)可见，g-C_3N_4 在 $2\theta=27.46°$、$12.96°$显示出对应（002），（100）晶面的衍射峰，这两个晶面分别对应层间堆积结构和层内芳环结构。据此可以确定，g-C_3N_4 由 $C_3H_6N_6$ 成功制备。同时在 LZH/g-C_3N_4 出现 g-C_3N_4 的衍射峰，说明材料成功复合。g-C_3N_4 的衍射峰较弱可能的原因是复合物中 g-C_3N_4的含量较低，同时在复合材料的制备过程中 g-C_3N_4 存在质量损失。另外，复合材料中 LZH 的典型 X 射线衍射峰依然存在，在 $2\theta=9.37°$、$21.1°$、$32.6°$处分别对应 LZH（003)，(006)，(009）晶面的衍射峰，表明在水热合成 LZH/g-C_3N_4 复合结构的反应过程中，LZH 的晶体结构保持稳定。LZH 低角度的衍射峰向小角度偏移意味着层间距增大，这可能是由于在 LZH 生长的过程中，g-C_3N_4 与 LZH 层间连接的氢键相互作用，从而增大了 LZH 的层间距离，并且该峰的强度更高且尖锐说明 LZH 的结晶度良好，晶体得到进一步生长。

图 1-37(b)是 g-C_3N_4、LZH、LZH/g-C_3N_4 的 FT-IR 的图谱，可以看出g-C_3N_4 在 1250~1650cm^{-1}和 816cm^{-1}出现了分别对应典型芳环骨架 C—N 振动和三均三嗪环面外振动的吸收峰。LZH 在 3517cm^{-1}和 1631cm^{-1}处的吸收峰为层间水分子

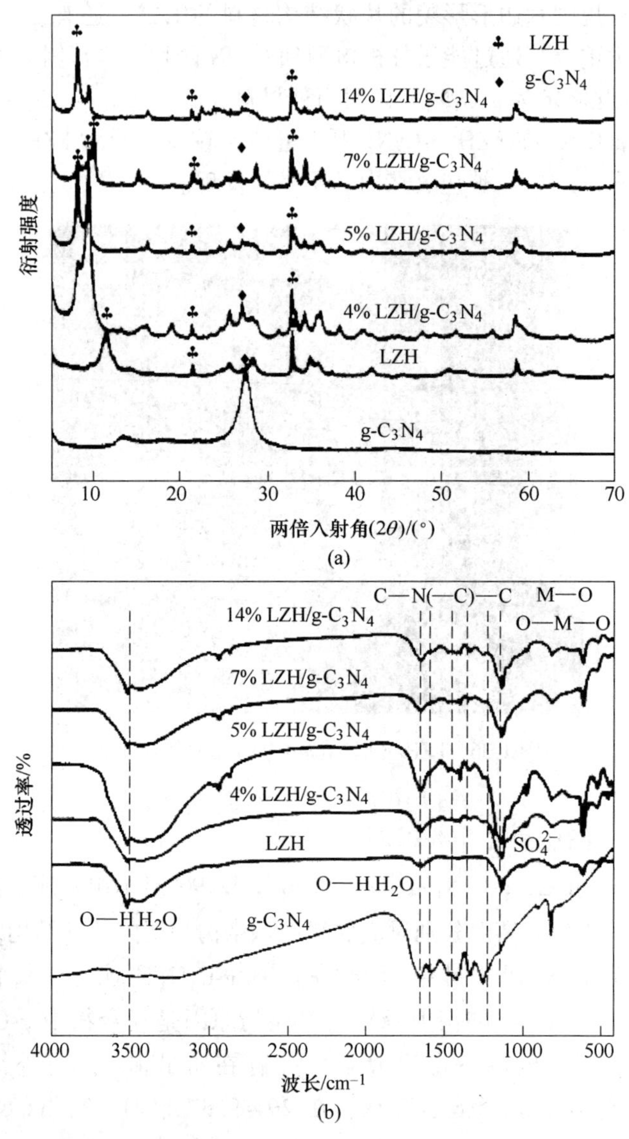

图 1-37　LZH、$g-C_3N_4$、$LZH/g-C_3N_4$ 图谱

（a）XRD 图谱；（b）红外图谱

以及层板上羟基的 O—H 的伸缩振动所造成，1025～1210cm^{-1}是 SO_4^{2-} 的反对称伸缩震动引起，600～800cm^{-1}的吸收峰是金属-氧原子（Zn—O）及氧原子-金属-氧原子（O—Zn—O）的晶格振动造成的。$LZH/g-C_3N_4$ 中有 LZH 全部主要的吸收峰，说明 LZH 的结构没有被破坏，同时在 1250～1650cm^{-1}和 816cm^{-1}出现了 $g-C_3N_4$ 的振动峰，说明 LZH 与 $g-C_3N_4$ 成功复合。

C 材料的 TG 和 BET 分析

由于 LZH/g-C_3N_4($\omega=4\%$) 表现出最佳光催化性能下面主要对其进行进一步表征分析。图 1-38 描述 LZH/g-C_3N_4($\omega=4\%$) 材料在 25~800℃热分析图，第一阶段温度在 25~250℃失重（4.058%和 26.77%），主要是失去表面和层间水分子；第二阶段在 300~600℃失重，主要是失去层间阴离子，在 600~800℃区间几乎没有质量损失，保持稳定。

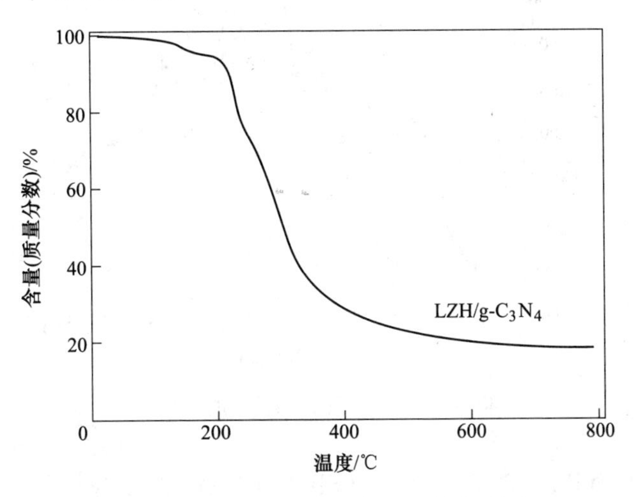

图 1-38 LZH/g-C_3N_4($\omega=4\%$) 的热重图

由图 1-39 可知，LZH/g-C_3N_4($\omega=4\%$) 材料的 N_2 气体吸附—脱附属于典型的 H_3 型滞回曲线，在较高相对压力区域表现为不饱和吸附，表明材料具有片状

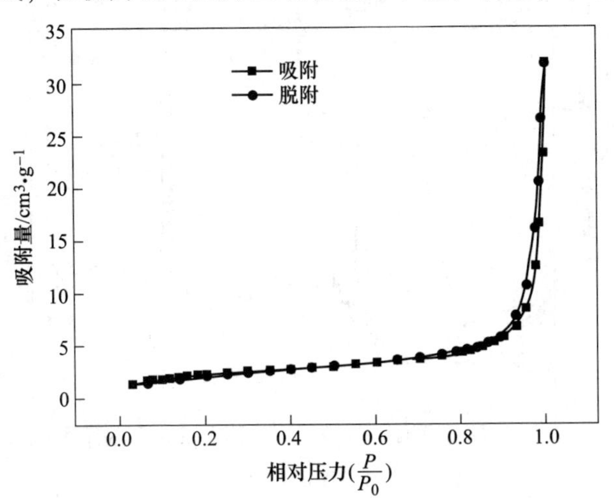

图 1-39 LZH/g-C_3N_4($\omega=4\%$) 的 N_2 吸脱附曲线

结构，孔隙是由片状材料堆叠而成引起。其比表面积为 8.1369m^2/g。在图 1-40 中明显可以看出，LZH 材料的孔径多为大孔结构，其孔体积大小为 0.048929cm^3/g，平均孔径为 24.25nm。

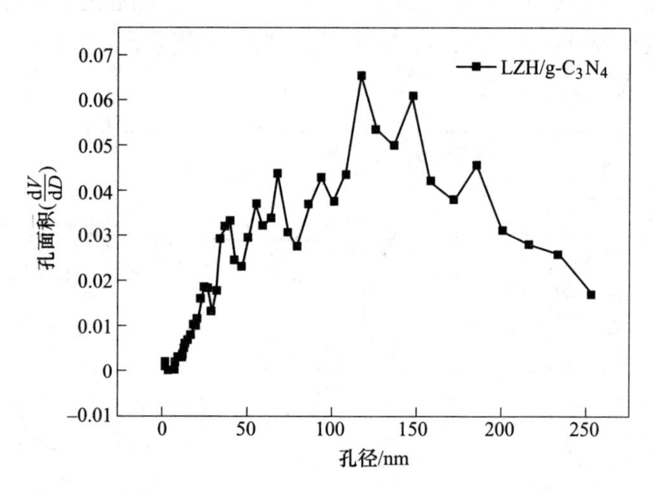

图 1-40　LZH/g-C_3N_4($\omega=4\%$) 的孔径分布图

D　材料的 XPS、荧光（PL）、ESR 和 UV-vis DRS 分析

为了研究 LZH/g-C_3N_4($\omega=4\%$) 光催化剂中各金属元素的价态，利用 X 射线光电子能谱仪对材料进行表征，XPS 的结果分为全谱图和精确元素图，如图 1-41 所示。

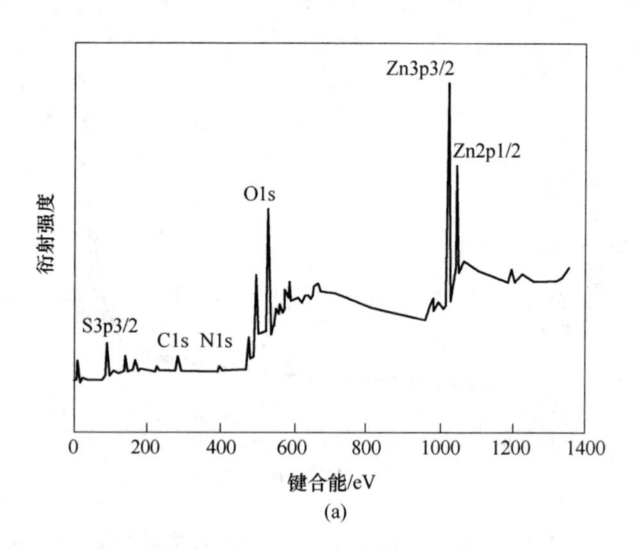

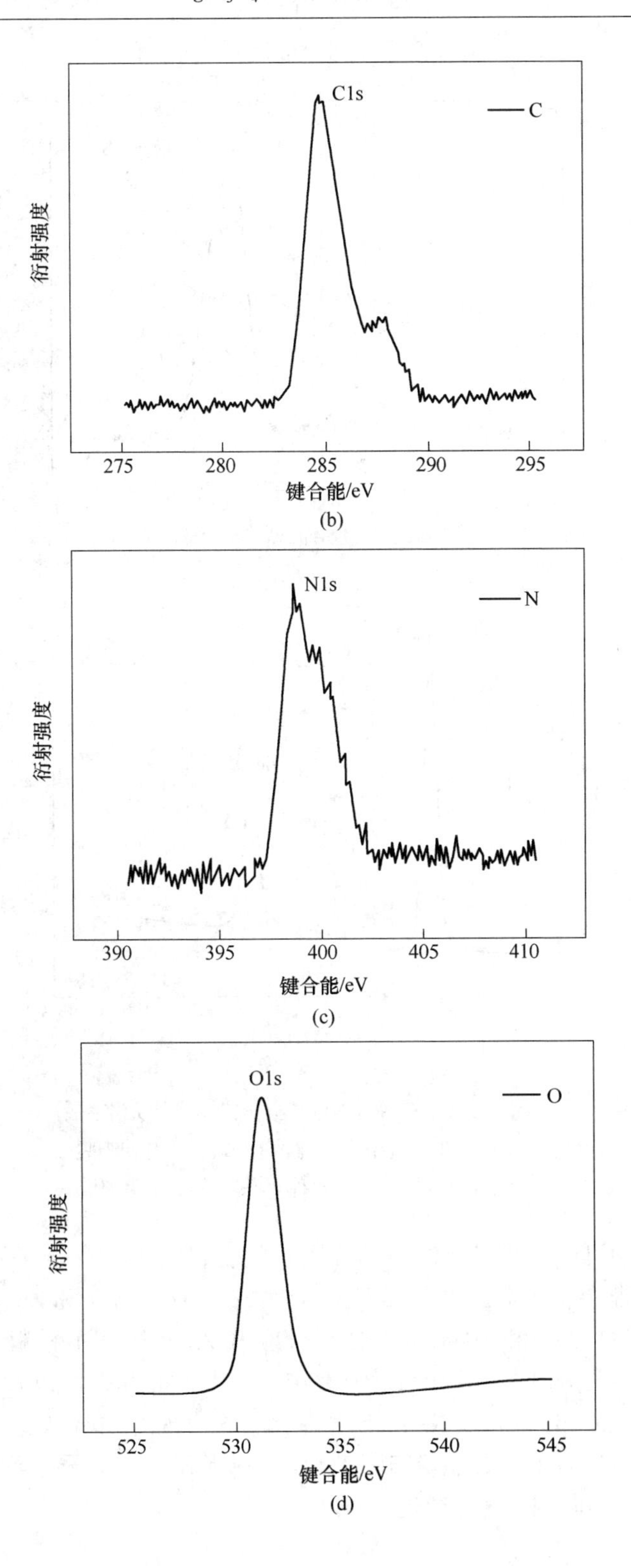
C1s
C
衍射强度
275
280
285
290
295
键合能/eV
N1s
N
衍射强度
390
395
400
405
410
键合能/eV
O1s
O
衍射强度
525
530
535
540
545
键合能/eV
(b)

(c)

(d)

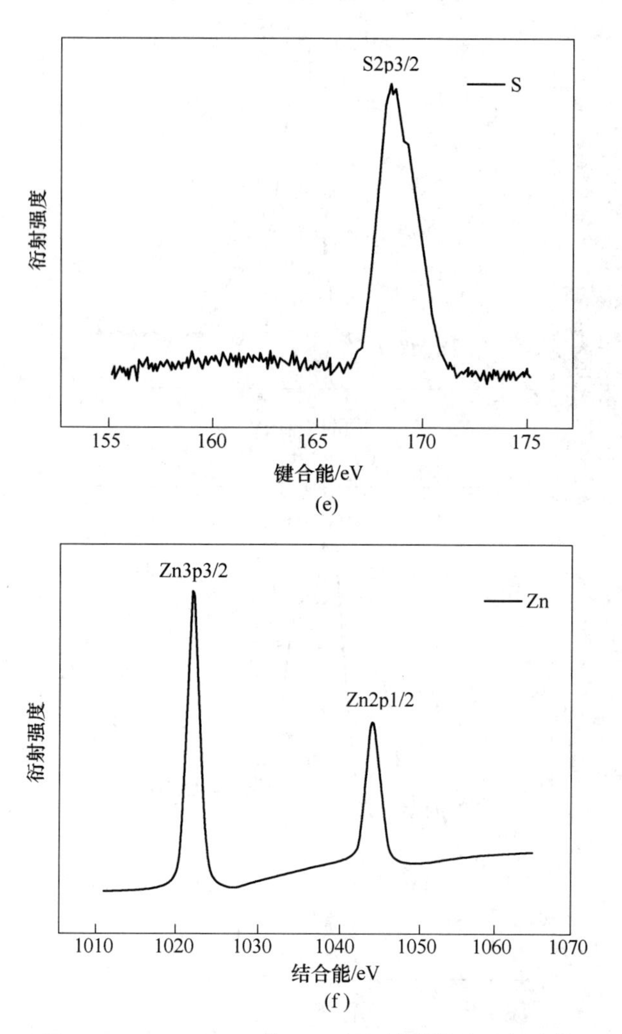

图 1-41　LZH/g-C_3N_4 的 XPS 全扫描图谱及元素图谱

(a) 全扫描图谱；(b) C 元素图谱；(c) N 元素图谱；
(d) O 元素图谱；(e) S 元素图谱；(f) Zn 元素图谱

从全图谱中可以看出，所制备的光催化复合材料中含有金属元素 Zn 和 C、N、O、S 四种非金属元素，图 1-41 是 C1s、N2p、O2p、S1s 和 Zn2p 的精密扫描图。结合能 1021.7eV 和 1044.8eV 分别对应着 Zn2p 这表示材料中 Zn 的价态为+2，C1s 扫描图谱出现了两个峰分别在结合能为 284.7eV 和 287.8eV 处，该峰分别对应 C—C 的 Sp^2 键和以 N—C ═ N 基团形式出现的 Sp^2键碳。N1s 的高分辨图谱，在 398.3eV 处的结合能峰归因于 CN ═ C 形式的 N 原子芳环中的 Sp^2 杂化氮，399.7eV 的峰归因于 Sp^3 杂化 N 原子。

图 1-42 是光致发光（PL）分析，在激发波长为 470nm 条件下，g-C_3N_4 不同质量掺杂比 LZH/g-C_3N_4 的光致荧光对比图，从该图可以看出电子和空穴复合的程度。不同掺杂比 LZH/g-C_3N_4 在 470nm 处出现了明显的 PL 特征峰，LZH/g-C_3N_4($\omega=4\%$)PL 的特征峰强度明显较弱，说明材料的电子-空穴的复合概率降低，能够有效分离，在一定程度增强了光催化活性。图 1-43（a）通过自由基捕获实验，暗反应条件下未检测到自由基信号，加光之后检测到超氧基自由基、单线态氧和羟基自由基，自由基的量随时间增加而增加说明光催化过程是多种活性物质共同作用。

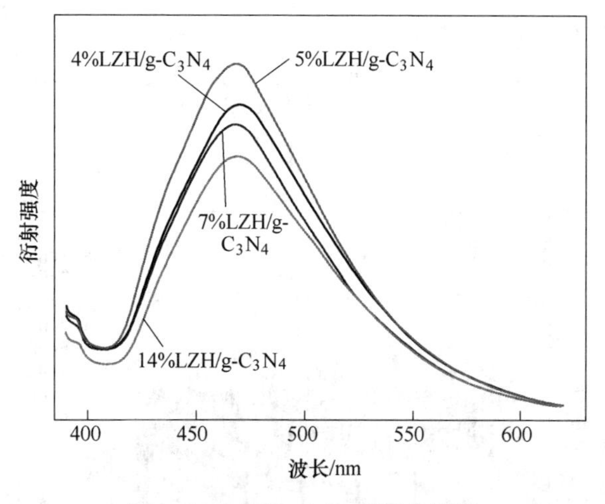

图 1-42 LZH/g-C_3N_4 的荧光图谱

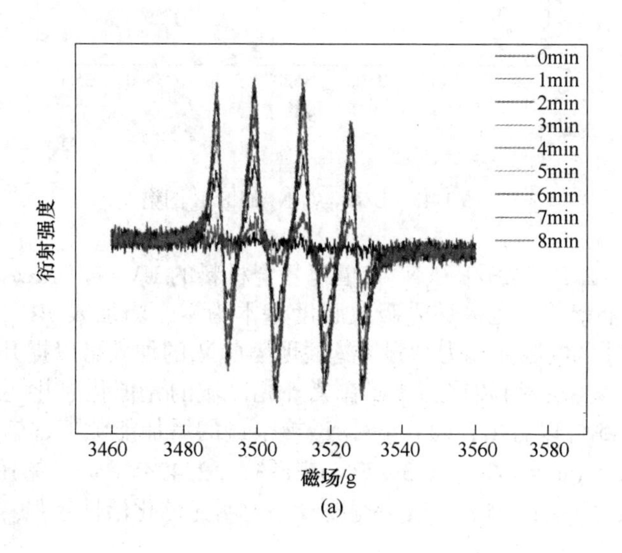

(a)

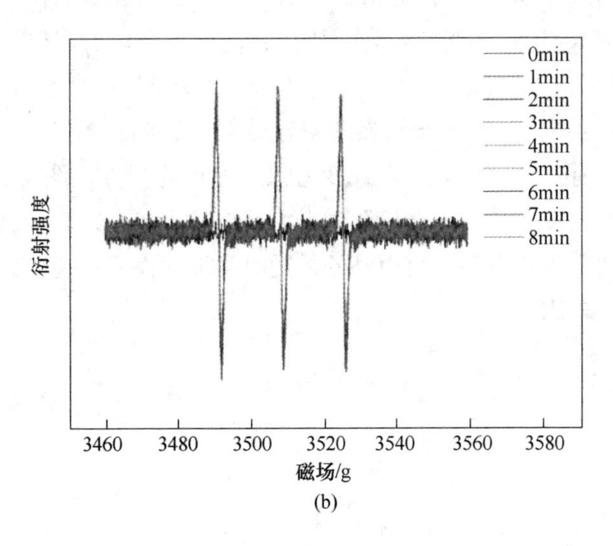

(b)

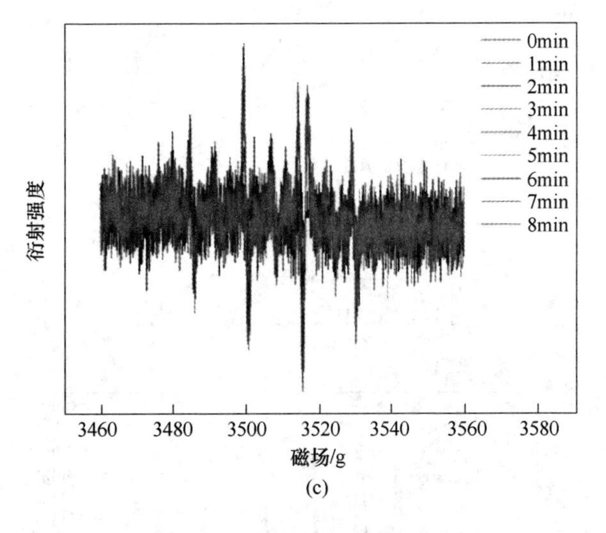

(c)

扫描二维码
查看彩图

图 1-43　LZH/g-C_3N_4 的 ESR 图谱

图 1-44 为 LZH、LZH/g-C_3N_4 光催化复合材料的 UV-vis DRS。从图中可以看出，LZH 在整个紫外可见区域光吸收强度基本为零，当加入 g-C_3N_4 后，光催化复合材料在紫外区的吸光能力增强，这说明 g-C_3N_4的加入可以提升样品在紫外区对光的吸收能力，表明 LZH/g-C_3N_4 在紫外光区域的光催化氧化还原能力将得到提高。从图 1-45 可以看出，随着 g-C_3N_4 掺杂量的增加能隙值逐渐增加，禁带宽度分别为 2.32eV（$\omega=4\%$）、2.39eV（$\omega=5\%$）、2.42eV（$\omega=7\%$）、2.42eV（$\omega=14\%$），LZH/g-C_3N_4（$\omega=4\%$）禁带宽度较小说明光催化活性较强。

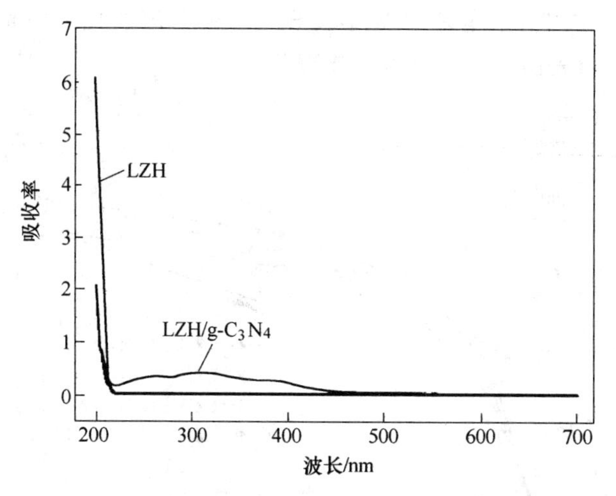

图 1-44　LZH、LZH/g-C_3N_4 UV-vis DRS 光谱

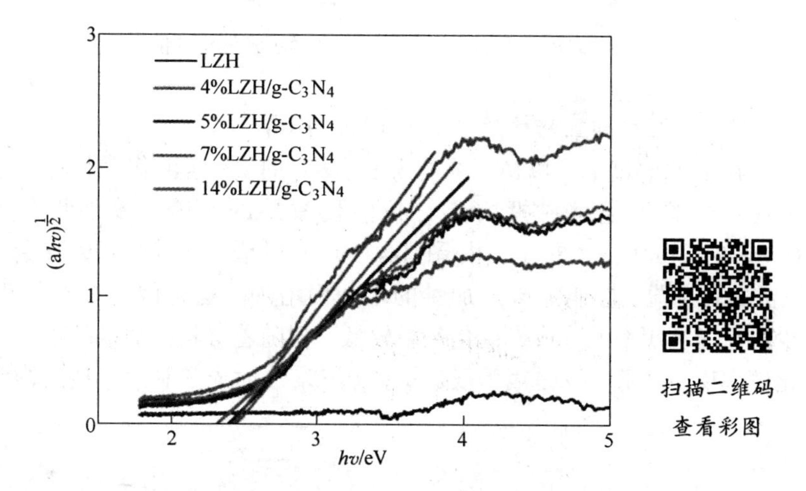

图 1-45　不同掺杂比的 LZH/g-C_3N_4 能隙图

1.4.2　LZH/g-C_3N_4 材料光催化性能研究

1.4.2.1　LZH/g-C_3N_4 材料光催化性能影响因素研究

A　g-C_3N_4 不同掺杂量对光催化性能的影响

在25℃温度下，以初始浓度为100mg/L的CR溶液作为目标污染物，考察g-C_3N_4 不同掺杂量对光催化效果的影响，掺杂量（质量分数）分别为4%、5%、7%、14%。可以看出，掺杂量（质量分数）为4%时表现出最佳的光催化效果（见图1-46），总体表现为掺杂量较小时表现出较优的光催化性能。其原因可

能是 g-C_3N_4 为黄色粉末，较多的掺杂量导致溶液色度增加，使光不能照射到溶液内部，复合材料表面电子空穴难以被激发。

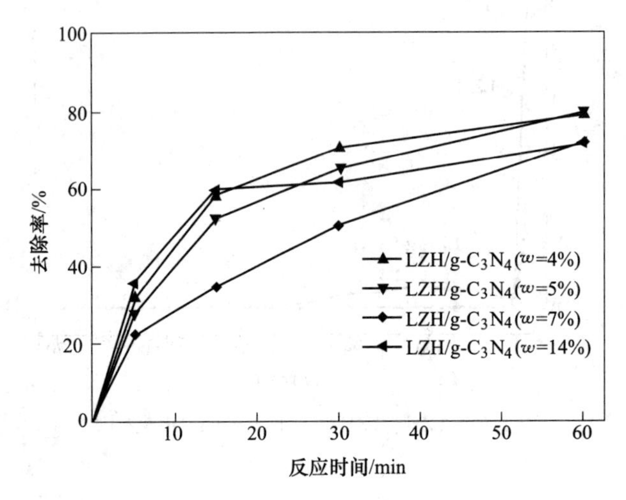

图 1-46　g-C_3N_4 不同掺杂量对光催化性能的影响

B　材料投加量对光催化性能的影响

在 25℃ 温度下，以初始浓度为 80mg/L 的 CR 溶液作为目标污染物，考察不同质量的光催化材料投加量对光催化效果的影响，投加量分别为 0.5g/L、0.75g/L、1g/L、1.5g/L。由图 1-47 中可以看出，材料投加量在 0.5g/L 到 0.75g/L 光催化性能随着投加量的增加而增加，这是因为材料较少时活性位点少，光子利用率低造成光催化效果较低。但随着材料投加量的进一步增加，光催化效率反而降低，这是因为投加量在 0.75g/L 时光子利用率达到饱和状态，而随

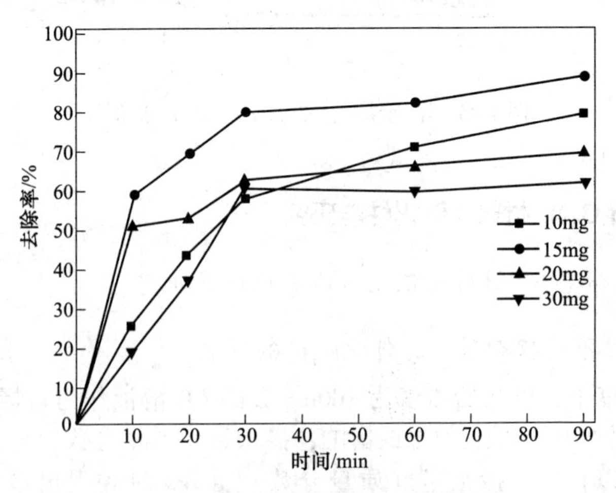

图 1-47　材料投加量对光催化效果的影响

着投加量增加使溶液浊度增加，造成光的散射不能穿透到溶液中，使活性位点不能够被完全利用。

C 反应时间及刚果红染料浓度对光催化性能的影响

选取初始浓度为60mg/L、80mg/L、100mg/L、120mg/L和140mg/L的CR溶液作为目标污染物，移取20mL置于试管中，材料投加量为0.75g/L条件下，先进行暗反应吸附60min之后在光照条件下每隔10min、20min、30min、60min、90min各取一次样，测定反应时间对光催化效果的影响。图1-48是在CR初始浓度为80mg/L不同光催化降解时间的CR溶液在波长为200~700nm的全波段扫描图，可以清晰地看到随着光照时间的增加，CR的最大吸收波长处的峰高逐渐降低，从而说明CR的浓度在不断减少。由图1-49中可以看出，光催化反应在刚开始阶段表现出快速矿化效果，随着光照时间进一步延长，LZH/g-C_3N_4对CR溶液染料的降解率虽然有略微下降但总体趋势保持平衡。且随着CR溶液染料的溶度增加，趋于平衡的时间逐渐增加说明材料的光催化速率并不会随着溶液浓度的增加而增大，其原因是随着CR溶液染料的溶度增加，溶液的透光率变差，减少单位时间内光催化效率，且溶液中溶质的量越多降解达到平衡所需时间就越长。

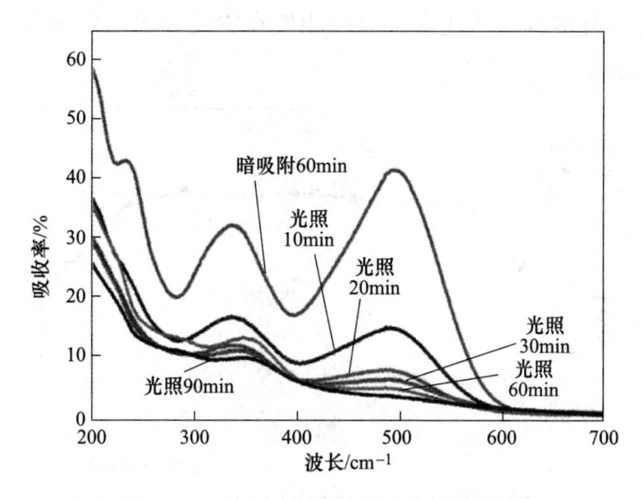

图1-48 反应时间对光催化效果的影响

D 溶液pH值对光催化性能的影响

在25℃温度下，用H_2SO_4溶液和NaOH溶液来调节pH值为3~11，材料投加量为0.75g/L，光照时间90min后离心取上清液测量吸光度，对比不同pH值对光催化降解效率的影响。

由图1-50中可以看出，在pH值=3、10、11时光降解率明显降低，这是因为LZH在过酸过碱条件下材料都会发生一定程度溶解，使材料损失，吸附性能

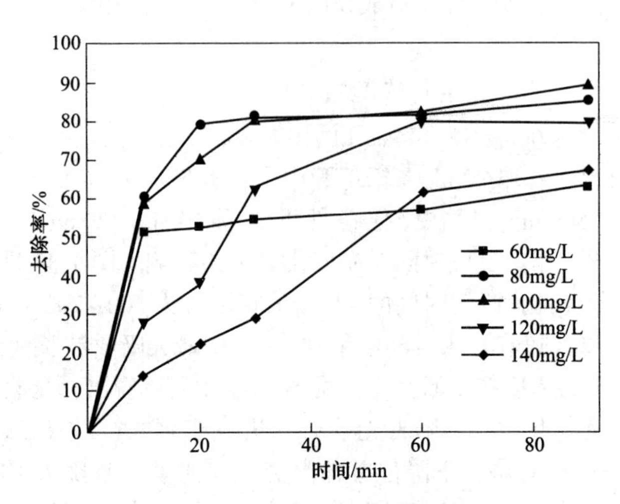

图 1-49　刚果红染料浓度对光催化效果的影响

降低同时反应的活性位点减少，从而造成光催化过程中产生的自由基量减少，光催化降解效果降低。溶液初始 pH 值=4~9 时，材料都表现出稳定的光催化效果，这是因为 LZH 具有酸碱双功能性，双功能性在中性及弱酸弱碱条件下都能保持较好的结构稳定性。

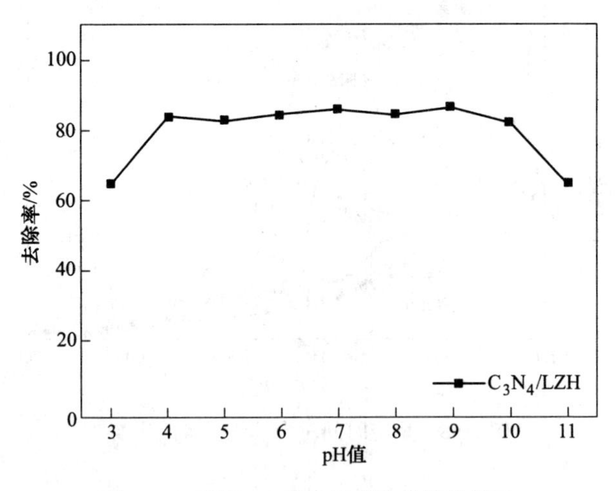

图 1-50　溶液 pH 值对光催化性能的影响

E　动力学曲线

在 CR 溶液初始溶度为 60mg/L，材料投加量为 0.75g/L，温度 25℃时，采用 Langmuir-Hinshelwood 动力学模型对实验数据进行拟合来描述其光催化过程。如图 1-51 所示，可以看出光催化反应速率常数为 0.0034。

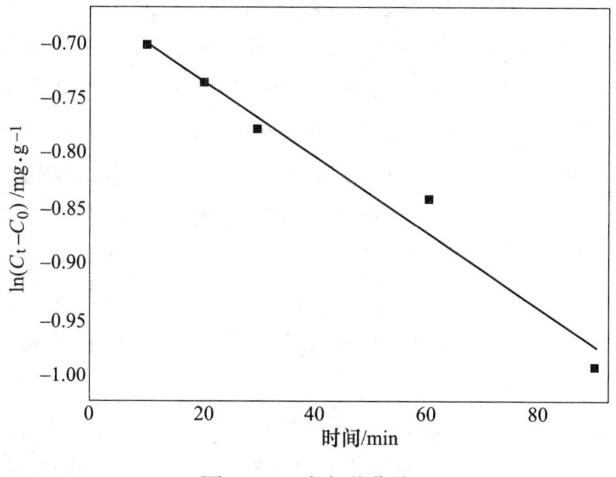

图 1-51 动力学曲线

1.4.2.2 重复性实验

在 CR 溶液初始溶度为 60mg/L，材料投加量为 0.75g/L，温度 25℃条件下经过三次循环之后光降解率为 72.2%，与第一次光降解率 79.1%相比下降不明显，LZH/g-C_3N_4 表现出较强的循环稳定性，如图 1-52 所示。

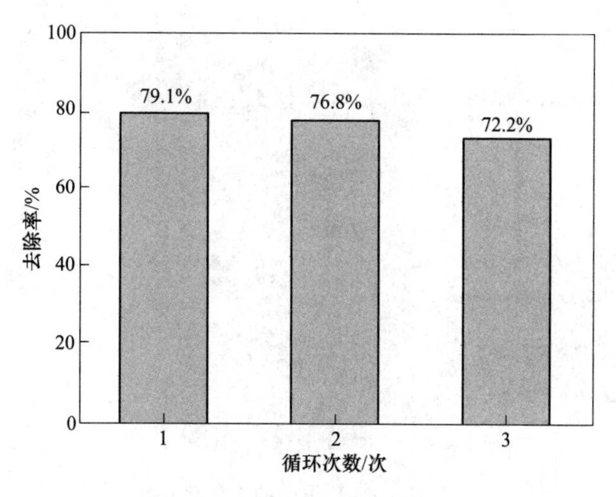

图 1-52 LZH/g-C_3N_4 重复实验

1.4.2.3 LZH/g-C_3N_4 光催化机理分析

光催化降解一直被认为是一个复杂的过程。为了研究刚果红被降解过程中可能的光催化机理，本节进行光致发光（PL）、UV-vis DRS 和 ESR 分析，对以上三种检测结果进行分析。从前面的表征结果可以看出，荧光检测在可以看出不同掺杂比 LZH/g-C_3N_4 光催化复合材料在 470nm 激发波长下处出现了明显的 PL 特征峰。LZH/g-C_3N_4（质量分数为 4%）PL 的特征峰强度较弱，说明电子-空穴的复合降低，有效得到分离，较低的光生电子和空穴的复合率可以的证明其光催化活性较强，在一定程度上说明其光催化降解污染物的能力得到提高。UV-vis DRS 分析结果表明，LZH/g-C_3N_4（质量分数为 4%）在紫外区吸光能力增强，且禁带宽度明显降低，可利用光子数增加，材料更易被激发。自由基捕获实验（ESR）明显看出暗反应条件下未检测到自由基信号，加光之后检测到超氧自由基（$\cdot O_2^-$）、单线态氧和羟基自由基（$\cdot OH$）。自由基的量随时间增加而增加，说明光催化过程是多种活性物质共同作用。

基于上述结果，提供可能的反应机制。如图 1-53 所示，光照射到 LZH/g-C_3N_4 表面上时，LZH/g-C_3N_4 价带上的电子会发生跃迁，转移到 LZH/g-C_3N_4 的导带上。同时由于 LZH 和 g-C_3N_4 具有不同的费米能级，两者之间存在电势差，其中一部分电子在 LZH 与 g-C_3N_4 之间转移，进而降低了光生电子和空穴的复合率；而在价带上形成的空穴（h^+）具有很强的氧化性，能与氧气和水中的氢氧根反应形成超氧自由基（$\cdot O_2^-$）和羟基自由基（$\cdot OH$）。这些自由基与 CR 接触发生作用达到光催化降解的效果。

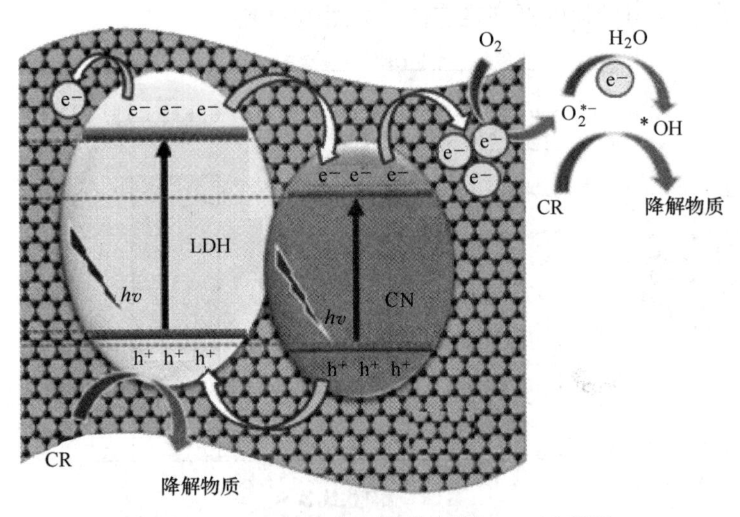

图 1-53　LZH/g-C_3N_4 可能的光降解 CR 示意图

结 论

本章通过煅烧三聚氰胺（$C_3H_6N_6$），制备出 g-C_3N_4，以 g-C_3N_4 为模板采用水热合成法制备出 LZH/g-C_3N_4 光催化复合材料，考察不同 g-C_3N_4 掺杂量、不同染料、材料投加量、溶液溶度、pH 值影响因素下 LZH/g-C_3N_4 的光催化性能；并利用自由基捕获剂、荧光分析确定光催化活性产物及复合材料电子空穴复合率，进一步分析光催化作用机理。结果表明 g-C_3N_4 掺杂量（质量分数）为 4% 的 LZH/g-C_3N_4 材料对 100mg/L 的 CR 表现出高的光催化降解率，扣除吸附影响后的光催化降解率达到 89.1%。三次重复性实验光催化降解率只有略微降低，表明材料具有良好的稳定性和循环利用性。通过自由基捕获实验表明 LZH/g-C_3N_4 在降解 CR 过程中是多种自由基共同作用，光催化降解机理可能是 LZH 的存在促进了 g-C_3N_4 光生载流子的定向迁移，降低了光生电子和空穴的复合率，使得 LZH/g-C_3N_4 对CR 表现出更高的光催化效率。

2 LZH 及其复合材料对染料废水吸附和光催化研究

2.1 概论

2.1.1 引言

为了解决环境污染和能源危机这两大当今世界急需解决的难题，目前研究者们致力于研究出多用途、高效、环保、友好型的新型功能材料。层状双金属氢氧化物（Layered Double Hydroxides，简称 LDHs），是一大类无机非金属功能层状纳米材料的代表，通常由不同价态（二价/三价）金属元素及层间离子利用主客体层间相互作用堆积而成，其通式为 $M^{2+}_{1-x}N^{3+}_{x}(OH)_2A^{n-}_{x/n}\cdot mH_2O$。LDHs 因具有丰富的层间离子交换和可剥离结构，为提升多功能异质材料潜在应用能力提供了多种可能，在光学、吸附、电催化、药物传递等领域具有广阔的应用前景。近年来，研究者发现，即使没有二价/三价金属的存在，单一金属在合适条件下也能制备出具有类水滑石结构的层状材料—层状单金属氢氧化物（Layered Hydroxide Salts，简称 LHSs），其通式为 $M^{x+}(OH)_{x-y}B^{n-}_{y/n}\cdot zH_2O$，然而单一金属类水滑石层状氢氧化物结构制备和性质研究仍然相对较少。根据部分文献可知，大多数 LHSs 材料是在恒定 pH 值或变 pH 值条件下采用共沉淀法合成，而水热法制备 LHSs 材料也相对较少。

2.1.2 水滑石类层状材料的发展及结构特性

层状双金属氢氧化物（LDHs）中的 MgAl 型 LDHs 又称为水滑石（Hydrotalcite），其他的 LDHs 被称作类水滑石化合物（Hydrotalcite-like Compounds）。LDHs 的发展已有一百多年的历史，但直到 20 世纪 60 年代才引起大量科研者的关注。早在 1842 年，瑞典的 Circa 就发现了天然 LDHs 材料的存在；1942 年，Feiknecht 等第一次通过将金属盐溶液与碱金属氢氧化物混合反应制备了 LDHs，并发表了 LDHs 具有层结构的观点；1969 年，Allmann 等人测定了 LDHs 的分子结构，再次证明了 LDHs 的结构为层状。作为一种催化新材料，LDHs 在许多应用中都显示良好的应用前景。80 年代，Reichle 等人研究了类水滑石和它的焙烧氧化物在有机催化中的应用，指明它在催化等化学过程中具有重要研究意义；90

年代以来，邹义冬从组装富含多种官能团的高耐酸性水滑石功能材料出发，先后制备了甘油改性的棒状钙/铝水滑石和絮状镍/铝水滑石、棒状三元钙—镁—铝系列水滑石及其衍生物；研究学者们发现将 LDHs 进行插层组装就可以制得拥有多种功能的特殊结构材料。近年来，LDHs 的发展越发迅猛，LDHs 材料主客体的多变性引发了国内外研究者的关注，主要是由于有 LDHs 有独特的孔隙和阴离子交换性能。

双金属层状氢氧化物（LDHs）材料催化性高，吸附性强，生物相容性好，具有优异的热稳定性，以及价格低廉，是一类具有广阔应用前景的重要新型无机层状吸附材料。LDHs 的层板金属具有可调控性，由不同价态的金属阳离子组成，金属阳离子位于中心，层板带正电。一般离子半径相近的金属都可以进行置换和替代，比如：可替代的二价金属阳离子有 Ca^{2+}、Mg^{2+}、Zn^{2+}、Co^{2+}、Ni^{2+}、Cu^{2+}、Mn^{2+}；可替代的三价金属阳离子有 Al^{3+}、Cr^{3+}、Fe^{3+}、Co^{3+}、Mn^{3+}。因此，可以根据材料的不同功能需求，来改变层间阳离子的种类以及比例，进而改变材料的性能；并且还可以通过增加层板金属种类制备得到多元的 LDHs 材料，进而研究更加复杂多变功能更齐全的 LDHs 材料。

LDHs 的层间阴离子可交换，它的层间阴离子主要有 CO_3^{2-}、SO_4^{2-}、NO_3^-、Cl^-、OH^-以及一些水分子，它们可以通过离子交换来获得不同阴离子型的 LDHs，即得到功能不尽相同的 LDHs 材料。但是不同的阴离子交换能力也是不同的，有研究表明各类阴离子交换顺序为：$NO_3^- < Br^- < Cl^- < F^- < OH^- < MoO_4^{2-} < SO_4^{2-} < HPO_4^{2-} < CO_3^{2-}$，因此通常选用 NO_3^- 和 Cl^-为离子交换的前驱体。

LDHs 的另一个特性就是具有结构记忆效应。水滑石的记忆效应就是当 LDHs 受到一定程度的加热之后，水滑石会失去水成为氧化物，从而导致其结构坍塌失去特有的层状结构。但是，将氧化物在一定条件下再与某种阴离子反应，水滑石就可以恢复原始的二维结构。但是类水滑石的结构复原是有一定的温度限制的，焙烧温度在 500℃以下是可以恢复原始的结构，但当焙烧温度高于 500℃时，就很难恢复原始的水滑石层状结构。LDHs 的这种结构记忆效应说明它即使在较高温度下反应后还是可以重复使用的，具有较好的回收循环利用性。

在水处理领域，由于 LDHs 具有极大的比表面积，以及阴离子交换性能，它可以很好的应用于阴离子型废水处理。不仅如此，它的层间离子大小和形貌均较容易改变，LDHs 充分利用了水滑石的层间离子交换性能，可与水体中的阴离子发生选择性交换，而不改变其层状形貌，这种独特的性质使得 LDHs 可以作为高效阴离子有机染料吸附剂而应用于环境水处理中。并且 LDHs 结构稳定，可以对其进行循环使用，这样能有效解决普通的吸附材料无法进行二次利用的缺点。

LDHs 类材料虽吸附效果较好，但是吸附仅仅是从一相转移到另一相，无法测定消除污染物的危害，开发其光催化能力显得更为重要。因其电子—空穴对易发生复合导致光催化性能降低，可以通过与贵金属改性等方法来提高其光催化性能，更好地应用于实际生产中。

2.1.3　水滑石类层状材料的制备方法

类水滑石类材料按制备方式可以分为直接制备及间接制备。直接制备就是直接利用阴离子和阳离子通过某种特定的方法一步合成材料；间接制备就是通过将阴离子进行差层组装或者离子进行配位，间接制备的方法比直接制备方法更为复杂。目前国际上通用的制备 LDHs 材料的方法主要有水热法、共沉淀法、固相法、焙烧复原法、电化学合成方法、离子交换法等。

2.1.3.1　水热合成法

水热合成法（即水热法）是指在一定的压力和温度以及密闭的条件下，在水溶液中反应达到过饱和状态而结晶生成类水滑石材料的一种方法。这种方法的结晶化过程与成核的过程是分开的，这样可以让合成的材料纯度更高。该方法还可以通过控制反应的时间、反应温度以及材料的投加量来控制材料结晶的尺寸，并能有效减少材料的合成时间，提高材料的生产效率。水热合成法生成的 LDHs 材料与水热过程中的温度、压力和投料比等有很大关系，目前这种方法已经被广泛应用于材料制备、化学反应和污水处理。水热合成法与下面的共沉淀法相比，在水热条件下合成的类水滑石晶体结构更完整，在相同的制备条件下，类水滑石材料粒子尺寸较小，而且分布较均一。水热合成法可以制备出结晶好、形貌均匀、纯度高的 LDHs 材料。

2.1.3.2　共沉淀法

共沉淀法也是 LDHs 材料制备中使用频次较高的方法。该方法是把组成类水滑石材料层板的混合金属盐溶液（金属离子盐一般是含有二价或三价金属离子的强酸弱碱盐）和混合碱性溶液（一般指 KOH、K_2CO_3、Na_2CO_3、NaOH 等）在过饱和的情况下发生共沉反应，沉淀再经过一定程度的晶化即可制备出类水滑石材料。用共沉淀方法制备类水滑石材料，其中沉淀粒子是逐次产生，从形成第一个粒子到产生最后一个粒子，中间时间差很大，这会致使粒子大小不均一。为了模拟相同的类水滑石生长环境，有研究者提出把成核和晶化分开的方法来合成 LDHs。这种方法的机理比较依靠溶液中两种及以上的配合物的反应与缩合，制备出的 LDHs 通常结构较均匀，阴离子分布也较为均匀。

2.1.3.3 焙烧复原法

焙烧复原法是指充分利用了类水滑石材料的“记忆效应”，将焙烧产生的双金属氧化物与特定的阴离子溶液发生反应，类水滑石材料因此恢复原始的二维结构，溶液中的阴离子进入类水滑石层间，进而支撑起层的方法。这种方法比较合适于无法通过共沉法制备的材料以及阴离子交换性弱的类水滑石材料，能够解决由别的阴离子影响而使材料阴离子发生改变的问题。如果所制的LDHs材料存在晶型较差或纯度较低的情况，那么可以通过焙烧LDHs材料去掉水分子以及一些阴离子来进行改善，一般通过这样的方式来合成一些通过常规方法难以制备的金属氧化物材料。用焙烧还原法充分利用了LDHs的特性“记忆效应”，这种方法比共沉法、离子交换法更难操作，这是因为在此过程中焙烧温度尤其重要，如果掌握不好焙烧温度很有可能不能制备出理想中的LDHs材料。

2.1.3.4 离子交换法

制备具有特殊性能的LDHs材料经常会用离子交换法。离子交换法主要利用的是LDHs的阴离子交换能力，先制备得具有一定阴离子的LDHs前驱体，再利用其优异的阴离子交换性能，将其与目标阴离子进行交换，来得到理想的类水滑石材料。影响离子交换性能的因素主要有：不同阴离子的交换能力的强弱，以及层板间的溶胀性等。韩小伟等人研究了用离子交换法制备肤氨酸插层的L-CysH/LDH材料，他们的制备方法为用蒸馏水将L-CysH配成100mL的溶液加入到Mg/Al-NO_3-LDH的溶液中，用一定浓度的碱溶液调其pH值为8.5，反应12h制得。

2.1.3.5 模板法

模板法是将反应物在特定的环境内发生一定反应后再将模板通过一定的方法如烧结等方法去掉，最终制备得理想材料的方法。

经过以上各种材料先进制备方法的研讨以及实验分析，可以得知水热合成法能够通过调节实验条件（如反应压力、反应时间、反应温度等）来控制纳米颗粒的结构、颗粒大小和纯度。该方法具有结晶度高、纯度高、粒度分布窄以及团聚少等优点，并且不会造成大的环境污染，工艺简单易操作，成本较低，是一种具有较强竞争力的合成方法。

2.1.4 水滑石类层状材料吸附与光催化性能

类水滑石材料（LDHs）具有特殊的层状结构，并兼具离子交换性能，更具有较大的比表面积。这三大特性决定水滑石类层状材料具有强大的吸附性能，并且可以吸附一般的吸附剂所不能吸附的污染物（如阴离子型染料），有望成为一种新型环保材料用于水处理中。目前，关于对类水滑石吸附性能的研究，主要集中于印染废水、重金属废水、放射性物质污染废水。例如，王晨晔等以钢渣为原始材料，通过共沉法制备Ca-Mg-Al-Fe层状LDHs材料，研究了其对有机染料MO的吸附性能。

但是LDHs材料的电子—空穴较容易发生复合，且对太阳光的利用率较低，因此较大程度地影响了其光催化性能。具有光催化性能的材料一般具有对光能够进行运输、吸收、存储、转换等特性，而水滑石具有特殊的二维层状结构，它的层间区域可以进行良好的光化学反应。可以通过很多方法和途径来改善LDHs的光催化活性，比如：利用LDHs的插层组装、层板结构定位及层板可控效应，将能吸收紫外光的物质插入层间，将会增强材料对紫外线的吸收和屏蔽作用，从而有效提高材料的光催化性能，进而彻底将污染物脱色、除毒、矿化为无毒害作用的小分子（如二氧化碳和水等），达到污水净化绿色生产的效果；也可以通过掺杂贵金属来对LDHs进行改性，提高电子—空穴对的复合率，来增强其光催化活性。与其他技术相比，光催化技术具有更多独特的优点，比如能耗低、效率高、容易操作、不产生二次污染等，是诸多研究中很有前景的一种污水处理技术。但是水滑石材料本身的光催化性能并不是很优异，所以需要利用水滑石材料优异的吸附性能对其加以复合，从而提升它的光催化性能。

2.1.5 选题依据及主要研究内容

2.1.5.1 选题依据

近年来，由于中国经济迅猛发展，染料废水排放量剧增导致了严重的环境问题。而层状双金属氢氧化物（LDHs）是一种新型的阴离子型层状功能材料，由于其具有巨大的比表面积，离子可交换性，独特的“记忆效应”等特点，现已被应用于国民经济的多个领域，比如医药领域、光催化领域、高效吸附剂领域、储能材料领域、阻燃材料领域、生物材料领域等。另外，由于LDHs类材料具有特殊的记忆效应，它在一定条件下能恢复为原始的二维结构，所以可以对它重复使用，能够有效地避免了普通吸附材料无法重复使用的问题。本章所研究的基础材料为性能与LDHs相似但是研究较少的层状单金属氢氧化物（LHSs）中的一种，其在本章中被命名为层状单金属氢氧化物—碱式硝酸锌（Layered zinc hydroxide nitrate，简称LZH）。

利用材料的光催化性能可以将有机染料分解成为二氧化碳和水分子这些无害

小分子，不产生二次污染。该方法操作简便，成本低，而且效率很高，但它也有局限性，例如很多光催化材料对太阳能利用率很低，催化反应接触面积小，限制了其光催化性能。为了解决这些问题，提高光催化剂的利用率，开发高效的、新型的光催化材料是重中之重。贵金属费米能级很低，所以可以作为光生电子的接收器进而促进系统界面载流子的运输，导致电子空穴复合率降低，从而提高光催化材料的活性。因此，掺杂贵金属来改性 LZH 的光催化性能，是行之有效的改性办法。纳米金属-有机框架材料（MOFs）是一类功能调控优势明显的无机/有机功能化异质结构晶态材料，具有较好的光催化性能。将 LZH 与 MOFs 材料进行组装，可以提高其光催化性能。

2.1.5.2 研究内容

本章的研究内容主要如下。

(1) 以 $Zn(NO_3)_2$ 为原料，三乙醇胺（TEOA）为表面活性剂，用水热法制备具有高效吸附性能的层状单金属氢氧化物（LZH）二维纳米片状材料，研究不同温度、时间、三乙醇胺添加量等对 LZH 材料形成的影响，确定材料最佳制备条件，并对材料形成机理进行了初步的研究探讨；以 LZH 为吸附剂，研究不同影响因素对甲基橙吸附反应的影响，并对其吸附等温线、准一级和准二级动力学等模型进行拟合分析。

(2) 用水热法通过掺杂钴金属于 LZH 材料中，制备三种不同三乙醇胺添加量的 Zn-Co-LDH，比较不同的添加量对材料形貌及结构的影响，研究各种因素（如反应时间、反应初始浓度、溶液 pH 值、材料投加量等）对 Zn-Co-LDH 吸附甲基橙（MO）效果的影响，并对其吸附等温线、一级和二级动力学等模型进行拟合分析。

(3) 用化学沉积法成功制备出光催化性能优异的 Ag-LZH 材料，比较不同 Ag 的掺杂比例对 Ag-LZH 形貌及光催化性能的作用，研究反应时间、染料的结构、溶液浓度、光催化剂投加量等因素对光催化效果的影响，并测试了其回收循环利用性能。

(4) 以 LZH 为锌源，初步探索合成金属—有机骨架材料（Zn-MOF-LZH），研究反应时间、溶液浓度、染料结构、溶液 pH 值等对其光催化性能的影响，并分析其光催化作用机理。

2.1.5.3 技术路线图

技术路线图如图 2-1 所示。

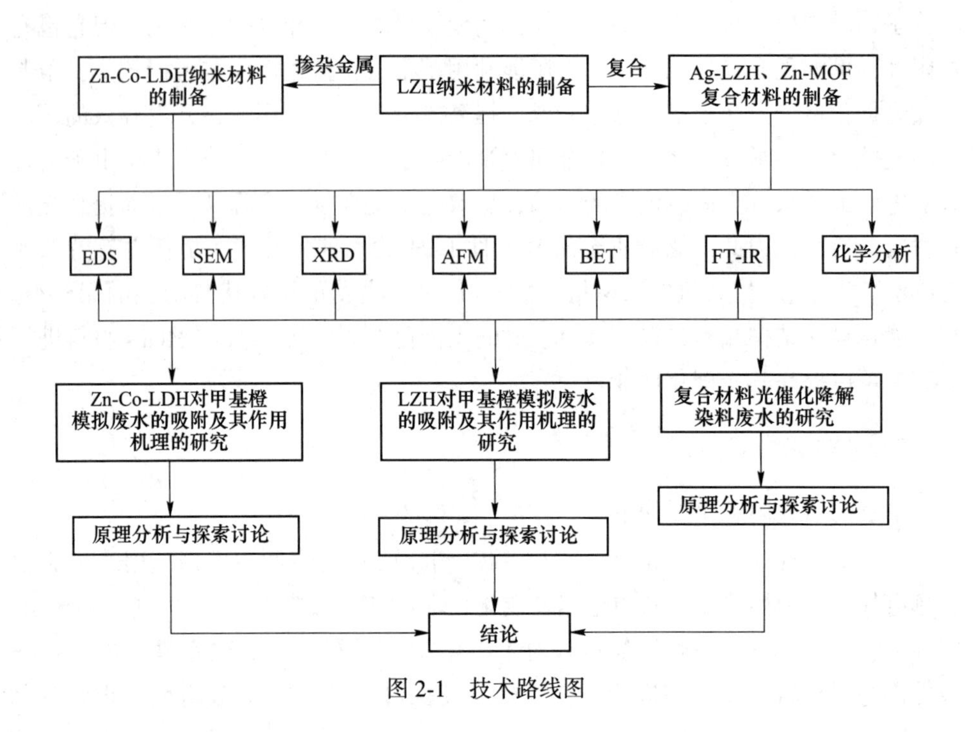

图 2-1　技术路线图

2.2　实验试剂、仪器及测试方法

2.2.1　实验试剂与实验仪器

实验中所要用到的实验药品和试剂见表 2-1，实验所用仪器见表 2-2。

表 2-1　实验药品和试剂

序号	名称	分子式	试剂规格	产　地
1	硝酸锌	$Zn(NO_3)_2$	AR	天津科密欧化学试剂有限公司
2	三乙醇胺	$C_6H_{15}O_3N$	AR	天津市科密欧化学试剂开发中心
3	氢氧化钠	NaOH	AR	天津市风船化学试剂公司
4	硝酸钴	$Co(NO_3)_2$	AR	天津市科密欧化学试剂有限公司
5	硝酸银	$AgNO_3$	AR	天津市科密欧化学试剂有限公司
6	浓硫酸	H_2SO_4	AR	洛阳昊华化学品公司
7	盐酸	HCl	AR	洛阳昊华化学试剂有限公司
8	无水乙醇	C_2H_6O	AR	郑州派尼化学试剂厂

续表 2-1

序号	名称	分子式	试剂规格	产　地
9	氨水	$NH_3 \cdot H_2O$	AR	德清县恒贸化工有限公司
10	过氧化氢	H_2O_2	AR	吴江区南风精细化工有限公司
11	甲基橙	$C_{14}H_{14}N_3NaO_3S$	AR	洛阳化学试剂厂
12	亮绿	$C_{27}H_{34}N_2O_4S$	AR	上海蓝季科技有限公司
13	刚果红	$C_{32}H_{22}N_6Na_2O_6S_2$	AR	天津市光复精细化工研究所
14	日落黄	$C_{16}H_{10}N_2Na_2O_7S_2$	AR	天津市科密欧化学试剂有限公司

表 2-2　实验所用仪器

序号	仪器名称	型号	厂　家
1	恒温加热磁力搅拌器	GL-20B	常州普天仪器制造有限公司
2	鼓风干燥箱	DHG-920A	上海一恒仪器公司
3	真空干燥箱	DZF-6090	上海树立仪器仪表有限公司
4	光反应仪	DS-GHX-V	上海杜斯仪器有限公司
5	射线衍射分析（XRD）	SmartLab	日本理学株式会社
6	扫描电子显微镜（SEM）	JSM-7001F	日本电子株式会社
7	比表面积分析仪（BET）	AUTOSO-IP-C	贝士德仪器科技有限公司
8	热重仪	STA 449 F5	上海盈诺精密仪器有限公司
9	紫外—可见吸收光谱仪	U-4100	日本高新技术公司
10	傅里叶红外光谱仪	IS5	费尔伯精密仪器有限公司

2.2.2 吸附性能测试体系及评价方法

2.2.2.1 实验方法

材料的吸附性能通过对模拟染料废水（MO）的吸附能力来评价。采用静态吸附实验，即在容器中加入一定量的材料以及一定量的模拟废水并剧烈搅拌，经过一定时间的接触反应而达到反应平衡。本研究考察了反应时间、吸附剂的量、溶液初始浓度、pH 值等因素对材料吸附效率的影响。对达到吸附平衡后的材料与溶液经过一定时间的静置沉淀，用 0.25μm 孔径的针管式过滤器抽取上层清液于紫外—可见分光光度仪464nm处测其吸光度，根据吸光度和朗伯-比尔（Lambert-Beer）公式来定量。其计算公式为：

$$A = Kcl \tag{2-1}$$

式中　A——吸光度；

c——溶液的浓度，mg/L；

l——吸收层厚度，cm。

式(2-1) 表明在一定浓度下，绘制浓度与吸光度的标准曲线，可以通过测定吸光度计算出溶液浓度。材料对甲基橙的去除率和吸附量的计算公式分别为：

$$R = \frac{C_0 - C_e}{C_0} \times 100\% \tag{2-2}$$

$$Q_e = \frac{C_0 - C_e}{m} v \tag{2-3}$$

式中　R——去除率,%；

Q_e——平衡时的吸附量，mg/g；

C_0——有机染料废水MO的初始浓度，mg/L；

C_e——有机染料废水MO的平衡浓度，mg/L；

m——吸附剂的质量，g；

v——溶液体积，L。

2.2.2.2　评价方法

A　吸附动力学分析

吸附动力学是研究吸附过程的一个重要方面，多孔性吸附材料的吸附过程有：

(1) 表面质子传递，一般发生在吸附材料表面和溶液接触的范围内。

(2) 吸附材料的粒子内扩散。

(3) 化学吸附，主要由化学键形成的动力学控制。

为了进一步研究材料（LZH和Zn-Co-LDH）对模拟废水（MO）的吸附机理，本研究采取准一级动力学模型和准二级动力学模型来描述其吸附过程。准一级动力学方程式为：

$$\left(\frac{1}{Q_t}\right) = \left(\frac{K_1}{Q_1}\right)\frac{1}{t} + \frac{1}{Q_t} \tag{2-4}$$

式中　Q_t——当时间t时，单位质量吸附剂的吸附量，mg/g；

Q_1——单位质量吸附剂的最大吸附量，mg/g；

K_1——准一级动力学的速率常数，min^{-1}。

以 $1/Q$ 为纵坐标，$1/t$ 为横坐标作图，对图形进行拟合，得到的直线斜率为 K_1/Q_1，截距为 $1/Q_1$，从而可以得到 Q_1、K 及相关系数 R^2 的值。

准二级动力学方程式为：

$$Q_t = K_2 t^{0.5} + C \tag{2-5}$$

式中 Q_t——在 t 时单位质量吸附剂的吸附量，mg/g；

C——常数，mg/g；

K_2——准二级动力学的速率常数，$mg/(g \cdot min^{0.5})$。

以 Q_t 为纵坐标，$t^{0.5}$为横坐标作图，对图形进行拟合，得到的直线的斜率为 K_2，截距为 C，从而可得 K_2、C 及相关系数 R^2 的数值。

最后通过比较它们的相关系数 R^2，来确认材料对模拟染料废水（MO）的吸附过程属于哪种方式。

B　吸附平衡分析

为了研究所制备材料（LZH 和 Zn-Co-LDH）对模拟染料废水（MO）的吸附情况，本研究采用国际上通用的 Langmuir 等温线模型和 Freundlich 等温线模型对实验数据进行线性拟合。

Langmuir 等温方程式是假设吸附过程为单分子吸附以及所有的吸附位点具有相等的能量，并且假设吸附体系处于动态平衡而得到的等温方程。其计算公式为：

$$\frac{C_e}{Q_e} = \frac{C_e}{Q_m} + \frac{1}{Q_m K_l} \tag{2-6}$$

式中 C_e——吸脱平衡时，溶液中剩余吸附质的浓度，mg/L；

Q_e——吸脱平衡时，吸附材料对吸附质的吸附量，mg/g；

Q_m——吸脱平衡时，吸附材料对吸附质的吸附量，mg/g；

K_l——平衡常数，L/mg。

以 C_e/Q_e 为纵坐标，C_e 为横坐标作图，拟合得到的直线斜率为 $1/Q_m$，截距为 $1/(Q_m K_L)$，进而可求得 K_l、Q_m 及相关系数 R^2。Q_m 为理论上的单分子层极限吸附容量。

Freundlich 等温方程与 Langmuir 等温方程式正好相反，它假设吸附材料的表面不均匀，并且为单层吸附。其计算公式为：

$$\lg Q_e = \frac{1}{n}\lg C_e + \lg K_F \tag{2-7}$$

式中　n——组分因数；

C_e——吸附平衡时，溶液中剩余吸附质的浓度，mg/L；

Q_e——吸附平衡时，吸附剂对吸附质的吸附量，mg/g；

K_F——Freundlich 等温方程平衡常数，L/mg。

n 表示吸附量随浓度增大的强弱，它的大小可以反映吸附过程的难易；K_F 的值大概反映吸附能力的强弱。以 $\lg Q_e$ 为纵坐标，$\lg C_e$ 为横坐标作图，通过拟合得出的直线斜率为 $1/n$，截距为 $\lg K_F$，从而求得 K_F、n 及相关系数 R^2。

通过比较 Langmuir 和 Freundfich 等温方程拟合曲线和相关系数，可以确定材料的吸附过程更符合的模型。

2.2.3　光催化性能测试及评价体系

2.2.3.1　光催化反应系统

本实验采用的装置是定制光催化反应仪，其内置紫外灯，紫外灯外围装载八位磁力搅拌器，可以保证反应器内材料与污染物溶液充分混合搅拌。该装置还配备一套循环水冷却系统，可以有效防止体系中温度变化影响实验结果。实验装置如图 2-2 所示。

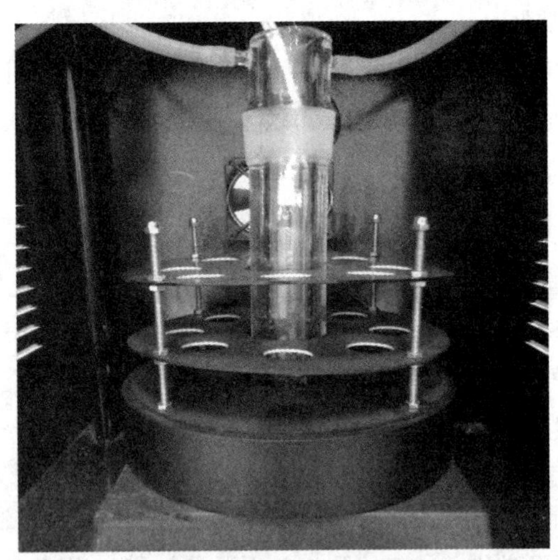

图 2-2　光催化反应仪

2.2.3.2　实验方法

本研究中，所制材料（Ag-LZH 和 Zn-MOF-LZH）的光催化性能通过对模拟染料废水（MO）的降解率来评价。实验时，将一定量的材料与一定量的污染溶液放置于八位磁力搅拌器的试管内，开启八位磁力搅拌器使其在黑暗中吸附30min，以达到吸脱附平衡。然后打开紫外灯，每隔特定时间取一次溶液，用针管过滤器过滤后的清液在464nm处测定其吸光度。

2.2.3.3 评价方法

通过比较降解反应前后染料的浓度来评价材料对模拟废水（MO）的降解能力，根据朗伯-比尔（Lambert-Beer）公式，在一定范围内溶液中模拟污染物的浓度与吸光度呈一定的比例关系，因此研究中可以通过比较反应前后模拟污染物的吸光度来对光降解率定量分析。本研究中，污染物的降解率的计算公式为：

$$D = 1 - \frac{A_t}{A_0} \times 100\% = 1 - \frac{C_t}{C_0} \times 100\% \tag{2-8}$$

式中 A_t——光照 t 后的吸光度；

A_0——初始溶液吸光度；

C_t——光照 t 后的溶液浓度，mg/L；

C_0——初始溶液浓度，mg/L。

2.3 LZH/Zn-Co-LDH 的制备及其吸附性能研究

2.3.1 LZH 的制备及其吸附性能研究

2.3.1.1 概述

甲基橙（MO）是一种最常见的有机染料，由两个苯环、一个偶氮基团以及一个亚硫酸钠基团组成，其分子量为327，甲基橙的结构式如图2-3所示。因其具有相对稳定的化学结构，常常被用于评估实验室及工农业上的吸附剂的吸附能力。目前已经报道的文章中，大部分主要研究了Al基类水滑石材料对MO的吸附性能研究，但是Al的存在对环境以及人体健康存在一定的威胁，而本节所研究的层状单金属氢氧化物LZH材料可以有效避免这个问题。现如今的研究中，对单金属层状类水滑石的研究还很欠缺，所以，本节研究了单金属层状类水滑石（LZH）材料最佳制备条件及LZH对甲基橙染料的吸附性能，并测试了不同pH值、溶液浓度、材料的量等对吸附能力的影响，并对LZH形成的机理及吸附机理做了简要的分析和总结。

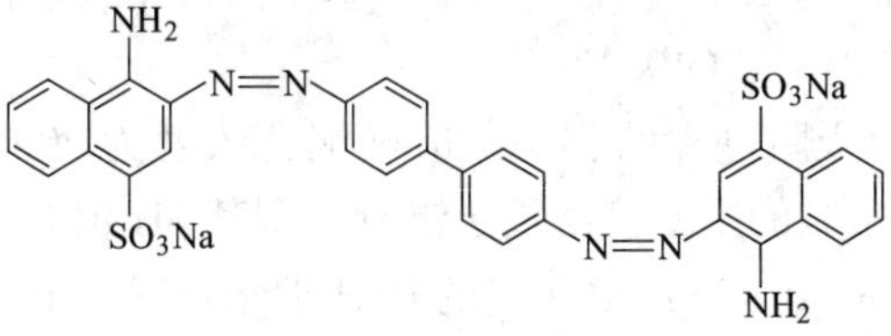

图2-3 甲基橙的结构式

2.3.1.2　实验部分

A　LZH材料的制备

首先应称取0.01mol的硝酸锌于烧杯中，将其放在磁力搅拌器上并加入磁转子，移取一定量蒸馏水于烧杯中搅拌，在搅拌过程中，逐滴滴加适量三乙醇胺，待溶液颜色变为白色有浑浊时，将溶液迅速移入反应釜中，在鼓风干燥箱中进行高温反应，反应后的材料用真空抽滤设备进行抽滤，并用蒸馏水与乙醇进行冲洗，于真空干燥箱（60℃）中烘干即可。

固定三乙醇胺的量为1mL，反应温度为110℃，改变反应时间分别为1h、2h、3h、4h，制备一批反应时间不同的LZH材料。

固定三乙醇胺的量为1mL，反应时间为2h，改变反应温度为100℃、110℃、120℃，制备一批反应温度不同的LZH材料。

固定反应时间为2h，反应温度为110℃，改变三乙醇胺的添加量为1mL、2mL、3mL、4mL、6mL，制备一批三乙醇胺量不同的LZH材料。

通过改变反应时间，表面活性剂的量及反应温度等因素，经不断探索材料最佳制备条件现已成功制备多种相关单金属层状类水滑石（LZH）。

B　材料的表征和测试

制备的LZH材料，首先用粉末衍射分析仪（XRD）分析其晶相，并结合红外光谱数据分析其基团组成，用热重分析仪（DT-DTG）分析材料的热分解行为，用扫描电镜（SEM）观察材料的形貌，用固体紫外分析仪（UV）测试其对紫外光及可见光的吸收，用比表面积分析仪（BET）表征样品的比表面积大小及孔径分布。

吸附性能的测试具体分为以下几个部分：

（1）甲基橙（MO）标准曲线的绘制。准确配置浓度为5.0mg/L、10.0mg/L、15.0mg/L、20.0mg/L、25.0mg/L的MO溶液，调节其pH值为一定值，测量各溶液在464nm波长下的吸光度，重复三次求其平均值，根据数据绘得甲基橙的标准曲线。

（2）溶液pH值对吸附过程的影响。准确配置浓度为20mg/L的甲基橙溶液，取7份20mL的20mg/L的甲基橙溶液于试管，调其pH值分别为3、4、5、6、7、8、9，称取7份20mg的LZH纳米材料于甲基橙溶液中，室温下搅拌10min，取样，离心分离并测其上清液的吸光度值。

（3）吸附剂量对吸附过程的影响。准确配置浓度为20mg/L的甲基橙溶液，取5份20mL的20mg/L的甲基橙溶液于试管，调其pH值为6，分别称取质量为0.05g、0.075g、0.1g、0.125g、0.15g的LZH纳米材料于甲基橙溶液中，室温下搅拌10min，取样，离心分离并测其上清液的吸光度值。

（4）甲基橙溶液浓度对吸附过程的影响。分别配置浓度为 20mg/L、40mg/L、60mg/L、80mg/L、100mg/L 的 MO 溶液，调其 pH 值为 6，各取 20mL 放置于 5 个试管中，加入 0.1g 的 LZH 材料，置于室温下搅拌 10min，取样，离心分离并测其上清液的吸光度值。

（5）吸附等温线的绘制。分别配制浓度为 100mg/L、200mg/L、300mg/L、400mg/L、500mg/L、1000mg/L 的 MO 溶液，测其吸光度，加入 LZH，使其在溶液中的剂量为 0.1g/L，室温下强力搅拌 2h，取样，过滤并测其上层清液的吸光度值。

（6）LZH 的回收及循环利用。将吸附反应完成后的 LZH 材料放置于 0.05mol 的氢氧化钠溶液超声 30min，震荡 2h 后，用水洗三次并用乙醇洗 2 次后于 60℃ 真空干燥箱中烘干 2h 即可。

2.3.1.3 结果与讨论

A LZH 的形成机理及影响因素

a 反应时间的影响

在 LZH 的制备过程中，固定表面活性剂三乙醇胺的量为 1mL，去离子水 12mL，温度为 110℃，调整反应时间为 1h、2h、3h、4h，如图 2-4 所示，随着反应时间的延长，制备的 LZH 层状形貌不变，但是尺寸和厚度都在不断改变。反应时间在 2h 内，LZH 形貌为规则六边形的结构；当反应时间增加到 3h，从 SEM 图可以看出在前述规则六边形基础上，有更薄的层状结构出现，且其密度更轻，在水溶液中更难沉降。

图 2-5 为在不同反应时间下生成材料 LZH 的 XRD 图谱，由图可知，生成材料均为 LZH，样品的衍射强度较高且峰型尖锐，未发现其他杂质的特征峰，说明水热法制备 LZH 比沉淀法纯度和结晶度要高。由红外光谱分析图 2-6 可知，$3575cm^{-1}$处吸收振动峰是 LZH 的层间水分子中 OH^-引起，$3480cm^{-1}$可以归因于 NO_3^- 和水分子中 OH^- 的吸收振动峰，$1639cm^{-1}$ 归属层间水分子吸收振动峰，$1383cm^{-1}$的吸收带是 NO_3^- 特征吸收峰，低衍射角度区 $522cm^{-1}$是 Zn-O 弯曲振动吸收引起的；同时发现，实验中三乙醇胺虽参与实验过程，然而红外谱图并没有发现 TEA 的特征吸收峰，说明 TEA 因为分子较大，并没有进入 LZH 层间。

b 反应温度的影响

控制其他条件一致，调整温度为 100℃、110℃、120℃。由图 2-7 可知，在选择的温度范围内，生成产物形貌规则，呈现二维纳米片状结构，片与片之间存在层间隙，与双金属氢氧化物的基本形貌特征相符。随着反应温度的增加，材料片状平滑形貌未被改变，片状厚度也未发生明显改变，片状厚度在 100nm 左右。仅从材料形貌上可以看出温度对材料形貌的影响较弱。

图 2-4　LZH 的 SEM 图

（a）1h；（b）2h；（c）3h；（d）4h

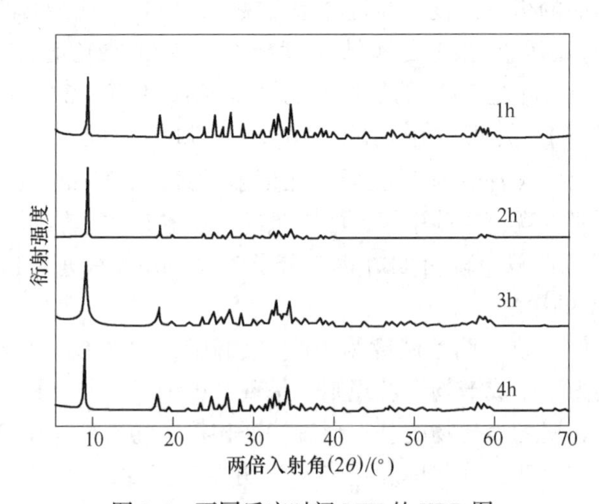

图 2-5　不同反应时间 LZH 的 XRD 图

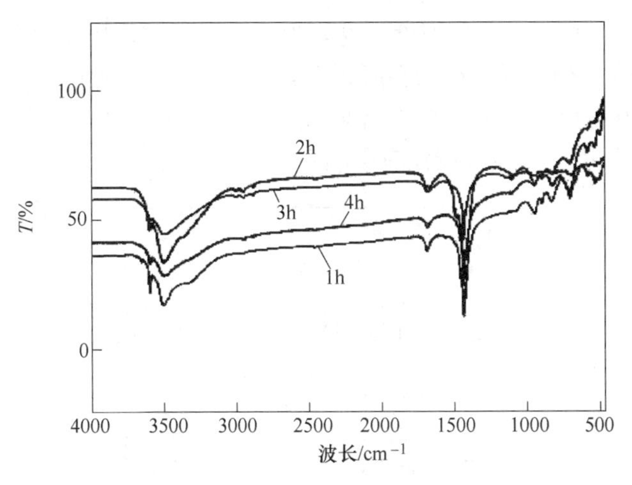

图 2-6 不同反应时间 LZH 的 FT-IR 图

图 2-7 LZH 的 SEM 图

(a) 100℃；(b) 110℃；(c) 120℃

同时图 2-8 可以证明不同温度产物均为单金属氢氧化物 LZH，峰型尖锐，结晶度好，未发现其他杂质，说明在所研究温度范围内，温度因素对产物类型影响不大。从图 2-9 可以看出，红外图谱与 XRD 图谱分析一致，同样没有发现三乙醇胺进入 LZH 层间，温度改变没有影响到其组分变化。

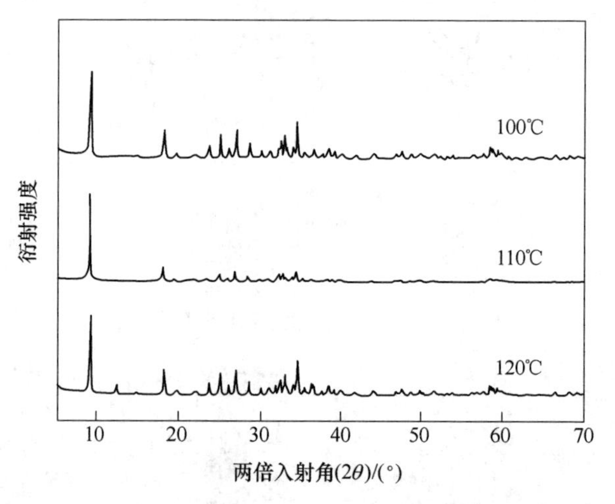

图 2-8　不同反应温度 LZH 的 XRD 图

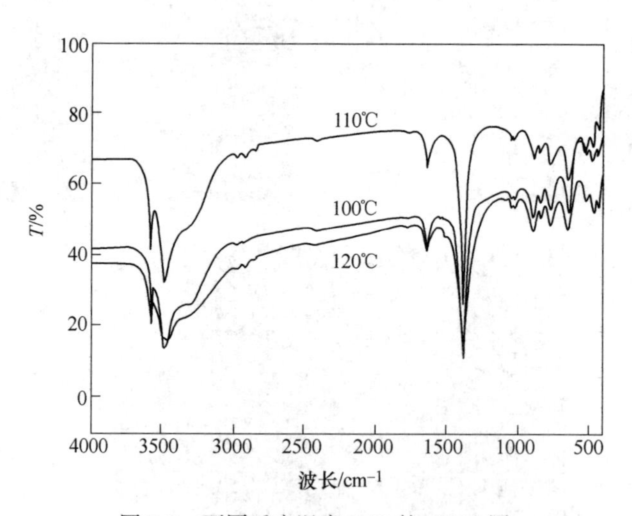

图 2-9　不同反应温度 LZH 的 FT-IR 图

c　三乙醇胺添加量的影响

调整三乙醇胺用量（1mL、2mL、3mL、4mL、6mL）电镜结果如图 2-10 所示。当三乙醇胺用量从 1mL 到 2mL，产物为单金属氢氧化物碱式硝酸锌（LZH），层状结构；当用量为 3mL 时，产物由小片状结构转变为层状聚集体。随着三乙醇胺用量进一步增加，产物尺寸进一步收缩，依然为层状结构，但是产物已由层状碱式硝酸锌（LZH）转变为层状纳米氧化锌二维功能材料。

图 2-10 LZH 的 SEM 图

（a）1mL；（b）2mL；（c）3mL；（d）4mL；（e）6mL

当三乙醇胺用量从4mL到6mL，XRD图谱如图2-11中LZH的峰全部消失，而在$2\theta=31.769°$、$34.421°$和$36.252°$出现ZnO的特征峰，且峰形尖锐无杂峰，证明产物已转变为ZnO。

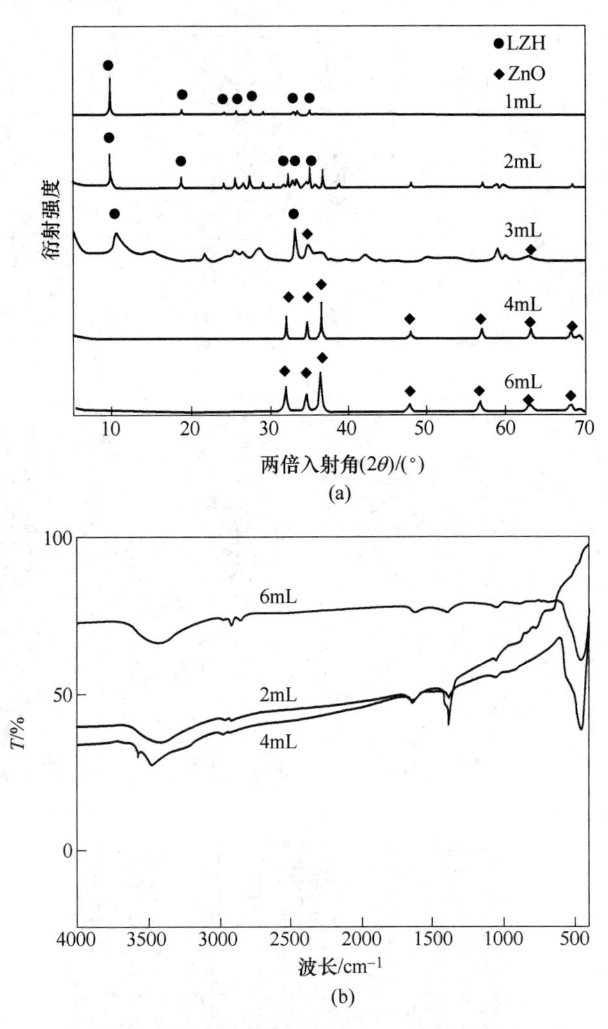

图2-11　不同三乙醇胺添加量的XRD图和FT-IR图

（a）XRD图；（b）FT-IR图

三乙醇胺的添加量直接影响到产物类别。从图2-12可以看出，不同三乙醇胺加入量反应后的pH值都比反应前要降低，其原因是三乙醇胺作为弱碱水解生成OH^-，OH^-与溶液中Zn^{2+}反应导致溶液pH值下降。同时也发现，随着三乙醇胺量的不断增加，依据三乙醇胺分离方程，其pH值逐渐升高。三乙醇胺在水溶液中解离产生OH^-，当三乙醇胺低含量（1~2mL）时，OH^-首先与Zn^{2+}反应生成

$Zn(OH)_2$，OH^-浓度降低，溶液 pH 值下降，NO_3^- 离子竞争进入 $Zn(OH)_2$ 晶格中取代部分 OH^-生成 $Zn_5(OH)_8(NO_3)_2 \cdot 2H_2O$(即 LZH)。随着三乙醇胺用量在增加 4mL 时，OH^-浓度增加，其继续竞争进入 $Zn(OH)_2$ 晶格中取代部分 NO_3^-，生成 $[Zn_5(OH)_{10-x} \cdot 2H_2O]^{x+}$。然而，上述结构在水热条件下不稳定，所以会有 ZnO 晶核形成。LZH 结构图如图 2-13 所示，LZH 形成的机理图如图 2-14 所示。

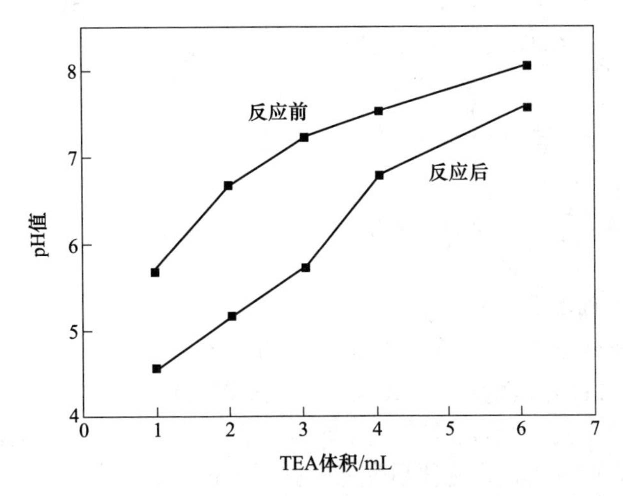

图 2-12 反应前后 pH 值变化图

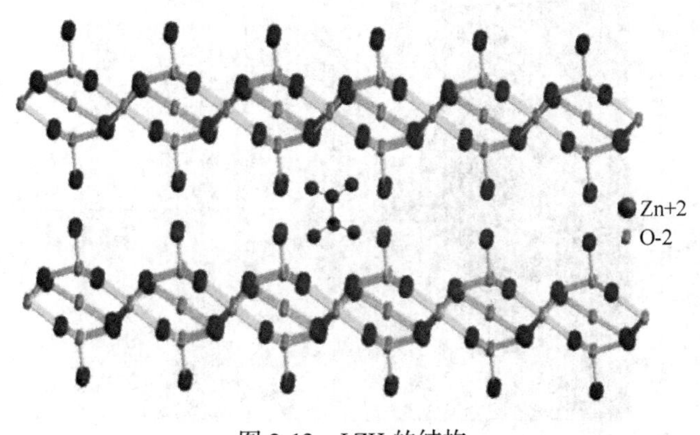

图 2-13 LZH 的结构

通过以上研究证明，三乙醇胺的量对材料 LZH 的制备产生重大影响，控制不好三乙醇胺的量可能会生成其他物质。为了得到形貌与性能最好的 LZH 材料，则采用最佳制备条件为三乙醇胺添加量 1mL，去离子水 12mL，温度为 110℃，反应时间为 2h。

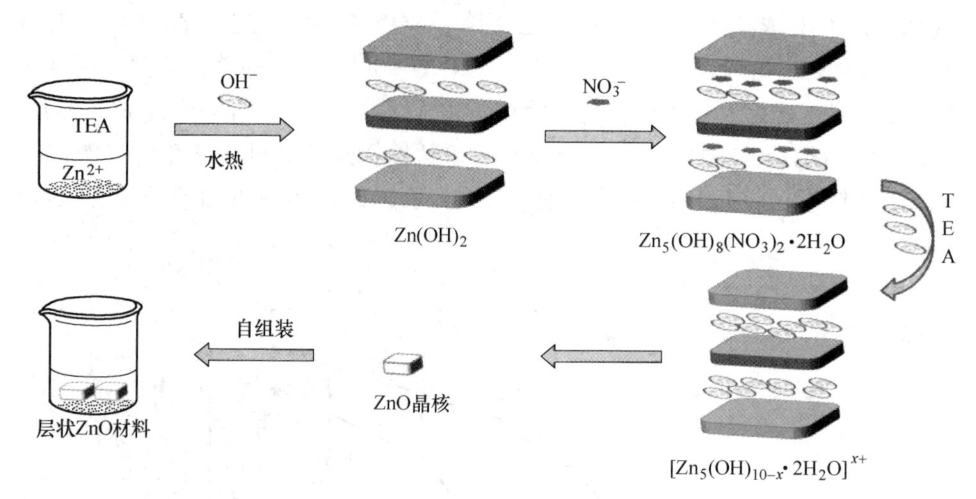

图 2-14　LZH 到 ZnO 的转化机理

B　LZH 材料的表征

最佳制备条件下 LZH 纳米材料的电镜图如图 2-15 所示。从图中可以看出，所制备的 LZH 材料的厚度为 50~100nm，可以看出具备典型的二维层状结构，这说明通过简单的水热法合成 LZH 是可行的。这些随机堆叠的均匀薄片之间形成了很多孔径均匀而且可以作为物质的运输路径的通道。

图 2-15　LZH 的 SEM 图

LZH 材料的 XRD 表征如图 2-16 所示。从图中可以看出，LZH 的衍射峰与 $Zn_5(OH)_8(NO_3)_2 \cdot 2H_2O$（ICDD24-1460）的标准图谱吻合较好。在低衍射角处显示的强烈的峰分别为（200），（110），（400）的晶面衍射峰，说明 LZH 材料呈现高结晶状态，晶相较为单一，呈层状结构。图 2-17 为 LZH 材料的红外光谱图，其中 3448cm^{-1}(O—H 的伸缩振动) 和 1636cm^{-1}(O—H 的弯曲振动) 表明材料中存在层架 OH^- 以及层间水分子；此外，522cm^{-1} 归属于 Zn—O 弯曲振动吸收引起。通过红外光谱图还可以看到，1384cm^{-1} 处显示的强吸收峰为插层阴离子 NO^{3-}，可以证实阴离子确实已经存在于 LZH 样品之中。综上所述，足以证明所制备的材料为 $Zn_5(OH)_8(NO_3)_2 \cdot 2H_2O$ (即 LZH)。

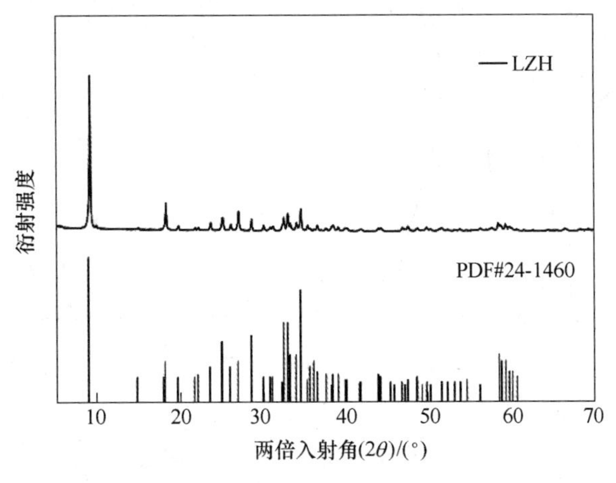

图 2-16 LZH 的 XRD 图

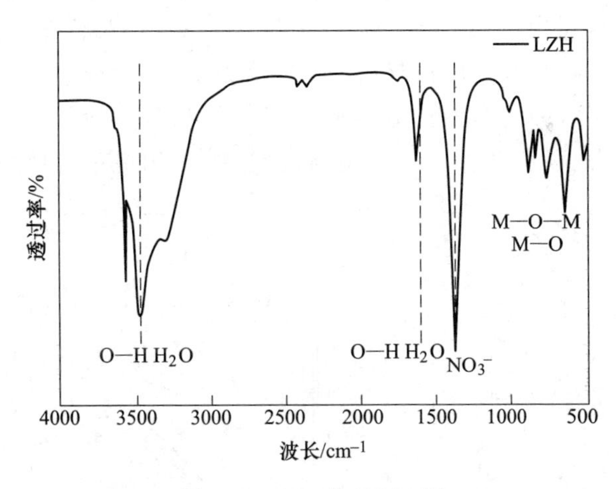

图 2-17 LZH 的 FT-IR 图

图 2-18 为 LZH 的 TG 和 DTG 曲线，材料于空气气氛中，升温速度为 10℃/min 条件下进行测试。从热重曲线可以看出，第一阶段在 20～120℃，质量损失 5.6%，应该是失去了表面和夹层中的水分子。LZH 材料在 145～270℃ 分解放热，质量损失主要是由于层间 NO_3^- 和 OH^- 的受热分解，当温度超过 269.46℃ 之后，LZH 完全失去水分子及硝酸根转化为 ZnO，质量恒定不再发生变化。在

20~270℃，LZH 材料总质量损失为 34.24%，这与文献报道中一致，因此可以进一步确定该材料确为 $Zn_5(OH)_8(NO_3)_2 \cdot 2H_2O$。

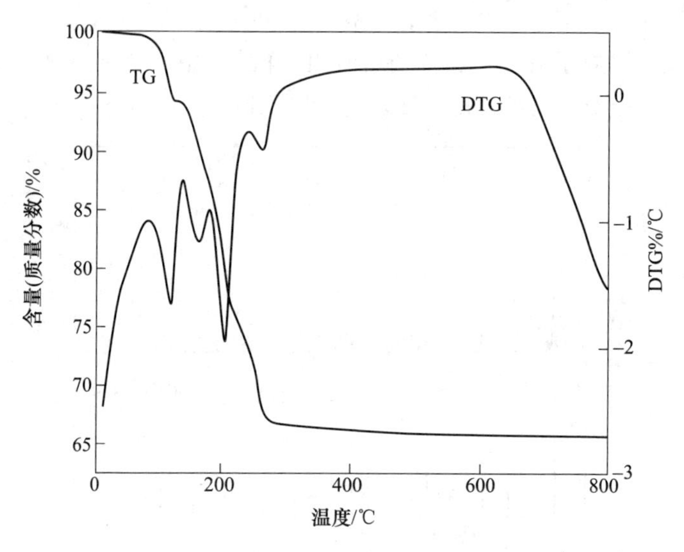

图 2-18　LZH 的 TG 和 DTG 曲线

图 2-19 为 LZH 的固体紫外吸收光谱，LZH 在 200~250nm（UV-region）处有较强的吸收带，这可以归因于电子从价电子带（VB）到导电子带（CB）的激发。通过能隙值计算可知，LZH 材料的能隙值为 3.7eV。通过 LZH 的氮气吸脱附曲线和相应的孔径大小分布图，图 2-20 可以得到 LZH 的等温线形状符合 IUPAC 分类中的 IV 型，这说明制备的 LZH 材料是典型的介孔材料。吸脱附曲线是典型

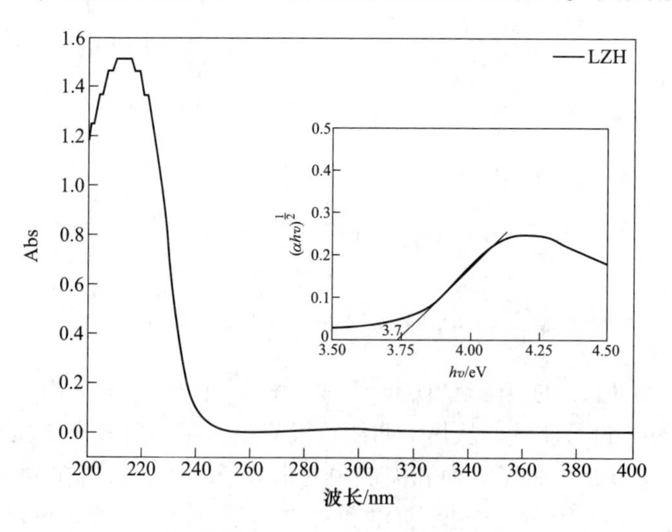

图 2-19　LZH 的 UV 曲线

的 H3 滞后环，揭示了材料 LZH 的孔是由片状粒子堆积成的缝状孔隙，所合成的 LZH 材料孔径主要分布在 50～100nm，比表面积为 18.15m^2/g。这些数值均可说明 LZH 材料的比表面积较高，孔隙较多，可以在理论上证实其具有优异的吸附性能。

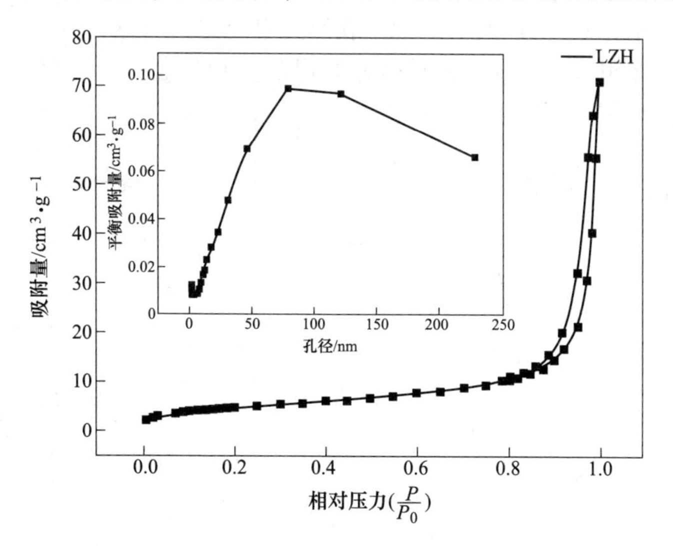

图 2-20 LZH 的 N_2 吸脱附曲线

C LZH 的吸附性能

a 甲基橙溶液的标准曲线

配置一系列浓度不同的甲基橙溶液，在 464nm 波长下测其吸光度，并绘制其标准曲线。从图 2-21 可知，甲基橙浓度与吸光度存在一定的线性关系，标准曲线的拟合方程为 $y=0.0597x-0.0058$，线性相关系数为 0.9996，线性关系良好。

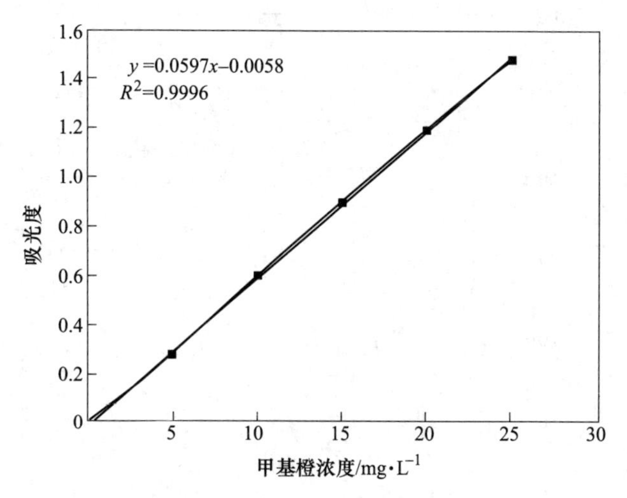

图 2-21 甲基橙的标准曲线

b　反应时间对吸附效果的影响

一系列吸附实验在材料投加量为20mg，303K，溶液pH值≈6的条件下进行。由图2-22可知，在前10min吸附效率呈增加趋势，在第10min时达到最大吸附效率然后逐渐稳定，其原因是LZH表面上有充足的吸附活性位点。而随着反应时间增长，吸附效率下降，这是因为溶质分子在固液界面受到斥力作用而导致剩余的空的吸附位点不能被有效利用。

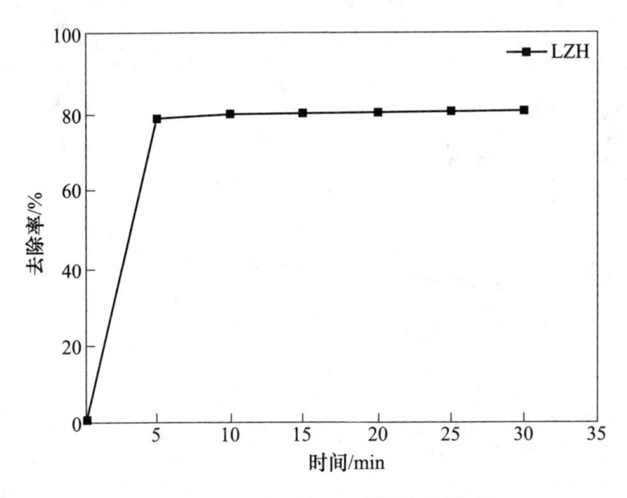

图2-22　反应时间对吸附效果影响

c　溶液pH值对吸附效果的影响

pH值是影响材料吸附性能的一个重要因素。本实验的pH值调节为3~9，甲基橙的浓度为80mg/L，温度为303K。如图2-23所示，LZH材料在pH值=6时

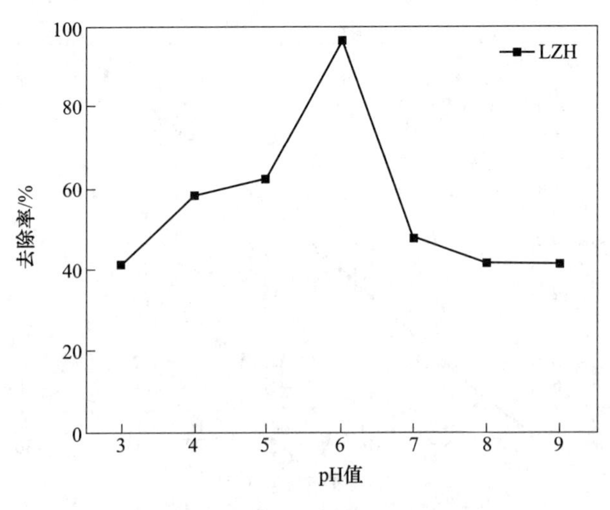

图2-23　pH值对吸附效果影响

达到最佳吸附效果且稳定。当 pH 值>6 时，吸附效率随着 pH 值的增大而减小，这是因为随着 pH 值增大导致溶液中 OH^- 增多，使得溶液中阴离子竞争变大，说明 pH 值高不利于吸附过程；当 pH>7 或 pH<5 时，吸附效率下降，这是因为 LZH 在过酸或过碱溶液中材料结构可能被破坏而且伴随着材料溶解导致吸附效率降低。以上可以说明 LZH 吸附甲基橙染料在 pH≈6 的水中更具有较好效果。

d 吸附剂用量对吸附效果的影响

在探究吸附剂用量对甲基橙模拟废水吸附效率的影响时，取用 5 份 20mg/L 的甲基橙溶液将其 pH 值都调节为 6，分别添加 0.05g、0.075g、0.1g、0.125g、0.15g 的 LZH 复合纳米材料作为吸附剂，在 25℃的温度条件下，反应 10min 之后用滤纸过滤其上清液测得其吸光度。实验数据经处理计算吸附时间与吸附效率的线性关系如图 2-24 所示。

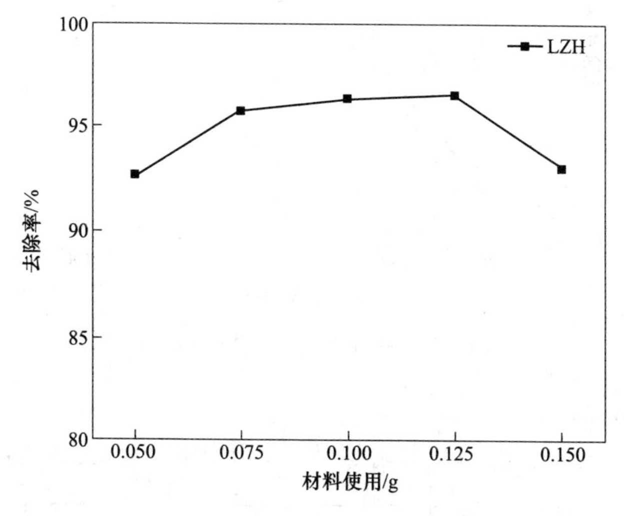

图 2-24 吸附剂量对吸附效果影响

吸附剂剂量也是对吸附效率具有重大影响的参数之一，将直接影响吸附剂从水溶液中去除污染物。图 2-24 显示吸附剂剂量对吸附效果的影响，在吸附剂用量为 0.125g 时去除率达到最高为 96.5%，但是在吸附剂用量为 0.1g 时，去除率为 96.4%，材料增加 0.025g，但是去除效率相差并不大，所以从环保层面考虑选取 0.1g 吸附剂用量为最优条件。从图中可以看出，随着吸附剂剂量的增加，吸附效率达到一定的限度后开始下降，这是因为 LZH 在水溶液中的分散在一定的吸附剂剂量范围内是均匀的，几乎所有的反应都完全暴露在外，使得 MO 被吸附到更多的活性位点上。随着吸附剂用量的进一步增加，可能会导致部分活性位点的能量较低，从而导致了较低的吸附能力。选择最佳剂量仍为 0.1g，这是因为在 0.125g 去除率虽然比 0.1g 稍高，但是会造成吸附剂的过剩和浪费。

e　甲基橙浓度对吸附效果的影响

图 2-25 为甲基橙初始浓度对 LZH 吸附性能的影响。在 20～100mg/L 的甲基橙溶液中，LZH 对甲基橙的吸附效率先增大，在 80mg/L 时达到最大，后又降低。这是因为随着 MO 初始浓度的增加，可以提高材料和溶液中甲基橙分子之间转移的驱动力，但是材料吸附位点是一定的，当到达最大吸附容量时便不再吸附。如图 2-25 所示，在初始浓度为 80mg/L 时，LZH 对甲基橙的吸附百分比可达 96. 58%，吸附量最高可达 529. 3mg/g，因此 LZH 的吸附性能很优越。

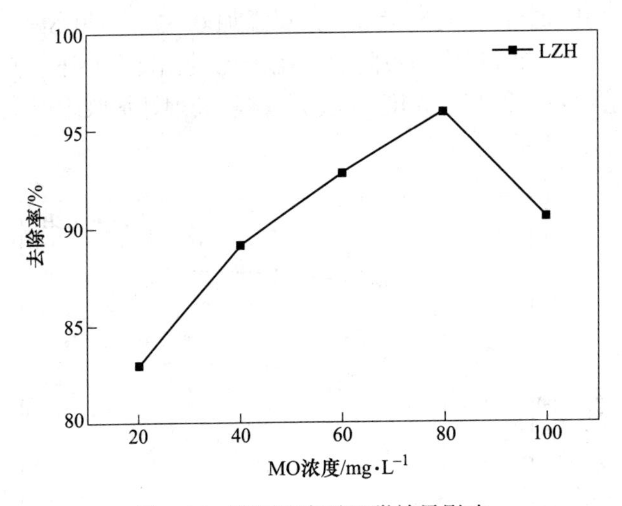

图 2-25　溶液浓度对吸附效果影响

f　吸附等温线

图 2-26 为 LZH 吸附 MO 的吸附等温线。由图中可以看出，随着甲基橙浓度

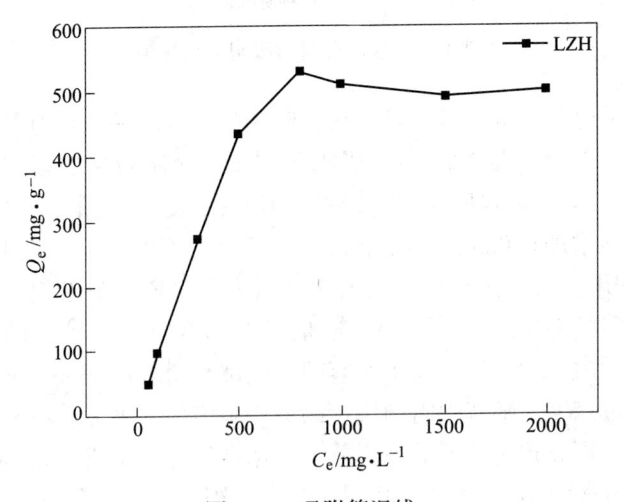

图 2-26　吸附等温线

增加，LZH 对甲基橙的吸附量也随之增加后慢慢趋于平衡。由于 LZH 具有较大的比表面积，在合适的条件下，它可以很好地吸附甲基橙。如图 2-27 所示，用 Langmuir 吸附等温方程对其吸附过程进行模拟，其线性相关系数可高达 0.999，吸附等温线拟合非常好，这是因为甲基橙分子较大，单层吸附特征较为显著。

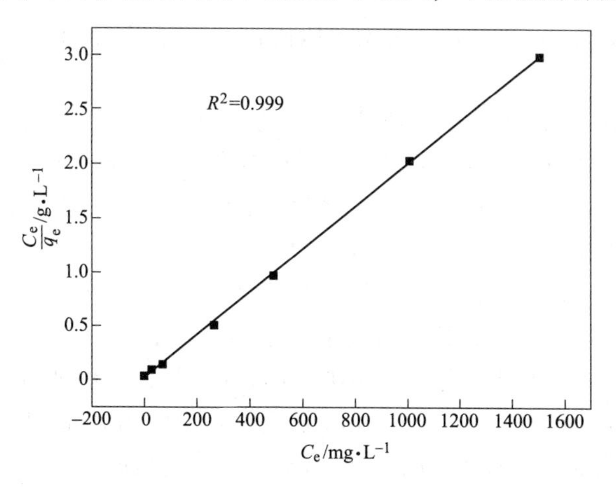

图 2-27 Langmuir 吸附等温方程

D 回收和循环利用

在实际应用中，吸附剂的再生循环利用具有重大意义。由于 LZH 具有较大的体积和密度，所以容易与甲基橙溶液分离。反应后的溶液静置 20min，吸附剂即可完全沉降至容器底部。将 LZH 材料放置于 0.05mol 的氢氧化钠溶液超声 30min，震荡 2h，用蒸馏水洗 3 次，乙醇洗 2 次后，将反应过后的材料上的 MO 洗脱下来后，烘干材料再重新进行吸附实验，如此重复 3 次。由图 2-28 可以看

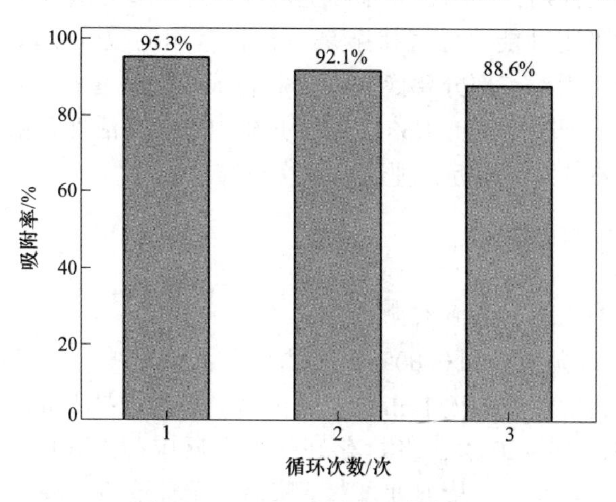

图 2-28 LZH 的回收和重复实验

出，LZH 的吸附效果有所下降，可能是由于洗脱过程中材料的少量损失引起。

2.3.1.4　小结

本节采用水热法成功制备了插层 NO_3^- 的 LZH 纳米材料，系统地研究了 LZH 对甲基橙染料废水的吸附性能，并对其吸附机理进行了分析探讨，得到的主要结论如下。

（1）以水和三乙醇胺做溶剂通过简单的水热法成功制备出二维纳米片状功能材料 LZH。通过控制各种实验条件，对材料形貌的影响因素进行了考察，确定了当三乙醇胺添加量为 1mL，去离子水为 12mL，110℃条件下反应 2h 可成功制得形貌最佳，性能最优异的 LZH 功能材料。

（2）室温下，以甲基橙为模拟吸附质，研究发现 LZH 显示出优异的吸附性能。同时考察了各种因素对其吸附效果的影响，找出 LZH 对甲基橙吸附的最优的 pH = 6.0，吸附甲基橙的效率在前 10min 快速增加，之后随着时间延长趋于稳定，能在短暂的时间内达到平衡。在吸附质初始浓度为 80mg/L，LZH 的用量为 1g/L 时对甲基橙的吸附效率可高达 96.58%，吸附量最高可达 529.3mg/g。

（3）回收实验表明所制材料 LZH 结构稳定，回收性较好，可以很好地用于实际工程。

2.3.2　Zn-Co-LDH 对甲基橙的吸附性能研究

2.3.2.1　概述

基于以上研究内容可知，LZH 已具备较好的片层结构及较高的吸附量，但这个结果并不能满足预期，所以在此基础上可以通过一些方法技术来对材料进行改性，改善材料的吸附性能。金属掺杂是一种较常用的改性手段，本节利用 LZH 的离子交换性能，用 Co^{2+} 部分替换 Zn^{2+}，制备成双金属氢氧化物（LDH），从而提高单金属 LZH 的吸附性能。Co^{2+} 在碱性介质中具有高活性和稳定性，且价格相对低廉，Co^{2+} 与 Zn^{2+} 大小相近，理论上替换更容易成功。

2.3.2.2　实验部分

A　Zn-Co-LDH 纳米复合材料的制备

称取 0.005mol 硝酸锌和 0.005mol 硝酸钴放入烧杯中，将其放在磁力搅拌器上，进行搅拌过程中逐滴加入 1mL 的三乙醇胺，继续搅拌 2min 后倒入反应釜中；重复上述过程制备 15～20 份，将封存好的数个反应釜放入电热鼓风干燥箱中，设置温度 120℃，时间 2h。待温度自然下降后，用抽滤机抽滤、水洗乙醇洗净后再次放入 60℃的真空干燥箱中进行烘干，研磨得到白色粉末即为 Zn-Co-LDH-1。

按上述方法只需改变三乙醇胺的添加量为 2mL、4mL，即可制得 Zn-Co-LDH-2 和 Zn-Co-LDH-3。

B　材料的表征及测试方法

表征及测试方法见本文 2.3.1.2 中 B 部分。

2.3.2.3　结果与讨论

A　材料的表征

图 2-29 为三种不同三乙醇胺添加量的 Zn-Co-LDH 扫描电镜图。从图中可以看出，三种 Zn-Co-LDH 材料均为二维纳米片状材料，较 LZH 片层更薄。而随着三乙醇胺的量的增加，Zn-Co-LDH 材料的片状形貌逐渐变薄，材料密度变小，质量变轻。Zn-Co-LDH-3 由于片层过薄有部分团聚现象，这可能是由三乙醇胺量的增加导致反应溶液 pH 值改变，Zn^{2+} 和 Co^{2+} 发生不同程度的交换导致的。

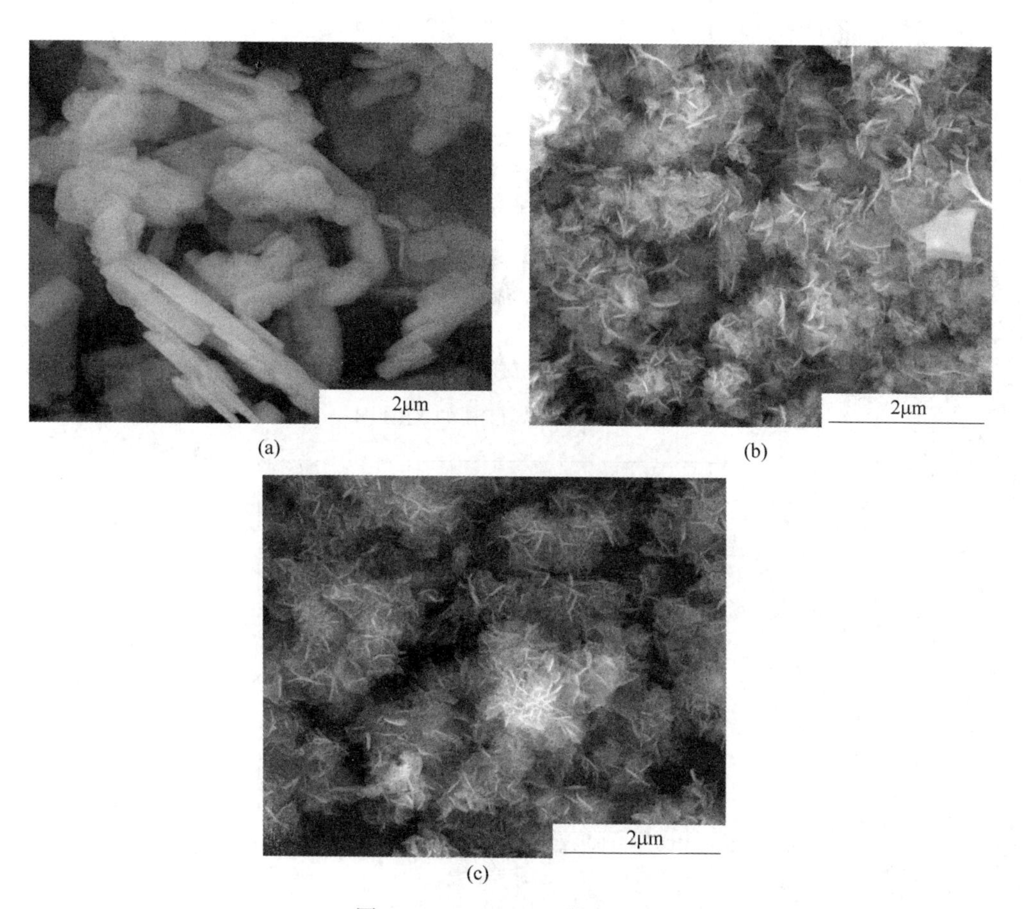

图 2-29　Zn-Co-LDH 的 SEM 图

粉末X射线衍射是表征材料成分的重要手段，三种Zn-Co-LDH材料的XRD谱图如图2-30所示。三种Zn-Co-LDH在$2\theta=11.2°$、$20.1°$、$34.8°$时，存在典型的LDH峰。随着三乙醇胺量的增加，XRD图谱的峰强度降低，衍射峰宽度增加，说明其结晶度变差；但特征峰并没有消失，说明三乙醇胺的添加量对Zn-Co-LDH的结构没有很大的影响。从三种Zn-Co-LDH的红外光谱图2-31中可以看出，在$3448cm^{-1}$（O—H的伸缩振动）和$1636cm^{-1}$（O—H的弯曲振动）表明，Zn-Co-LDH中存在OH^-以及层间水分子。此外，在低频区域（$500\sim900cm^{-1}$）也出现的吸收峰主要是因为层板间的金属-氧-金属键（Zn—O—Zn、Co—O—Co）及金属-氧键（Zn—O、Co—O）的晶格振动所导致的。通过红外光谱图，还可以看到$1384cm^{-1}$处显示的强吸收峰是由NO_3^-的不对称振动引起的，可以证实阴离子确实已经存在于样品Zn-Co-LDH之中。

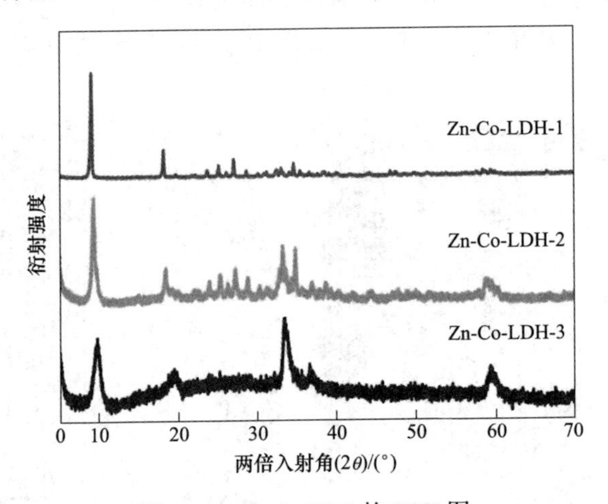

图2-30 Zn-Co-LDH的XRD图

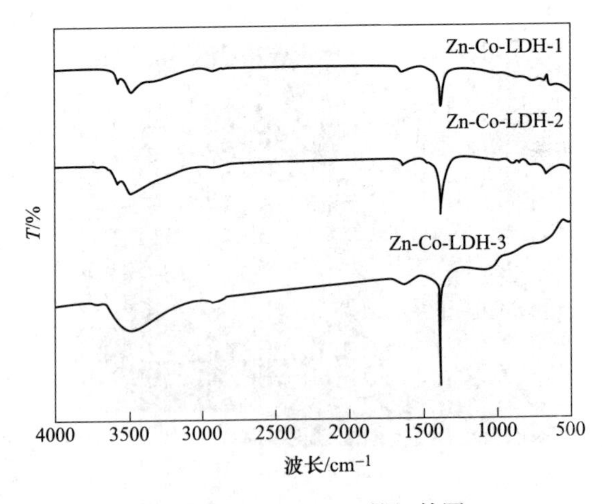

图2-31 Zn-Co-LDH的红外图

表 2-3 是三种不同 Zn-Co-LDH 材料的能谱分析（EDS）元素含量表，可以进一步证明 Co^{2+} 与 Zn^{2+} 确实发生了交换，Co^{2+} 成功掺杂入 LZH 形成双金属氢氧化物 Zn-Co-LDH。

表 2-3　Zn-Co-LDH 的元素含量表

材料名称	元素含量（质量分数）/%	原子含量（质量分数）/%
Zn-Co-LDH-1	O(43.94)Co(12.06)Zn(44.00)	O(75.78)Co(5.65)Zn(18.57)
Zn-Co-LDH-2	O(44.29)Co(13.87)Zn(41.84)	O(75.98)Co(6.46)Zn(17.56)
Zn-Co-LDH-3	O(57.96)Co(17.27)Zn(24.76)	O(85.58)Co(6.29)Zn(8.13)

图 2-32 为三种 Zn-Co-LDH 的固体紫外吸收图谱。从图中可以看出，三种 Zn-Co-LDH 材料在紫外区有很强的吸收，在可见光区吸收较少，特征吸收峰均在 300nm 附近，这与材料的禁带宽度有关。Zn-Co-LDH-2 较其他两种材料在可见光区吸收最强，说明适当的 Co^{2+} 的掺杂量会影响材料对光的吸收强度，这与 XRD 分析结果一致。从热重分析图谱 2-33 可以看出，三种 Zn-Co-LDH 材料在 20～800℃的加热下均有失重，在 50～150℃阶段内先失去层间水分子，在 150～250℃阶段内失重较多。其原因是材料进而失去层间 NO^{3-} 及 OH^- 渐渐转化成为氧化锌与氧化钴，由于钴和锌含量的不同导致最终剩余的氧化锌与氧化钴质量不等，这与能谱分析结果相对应。

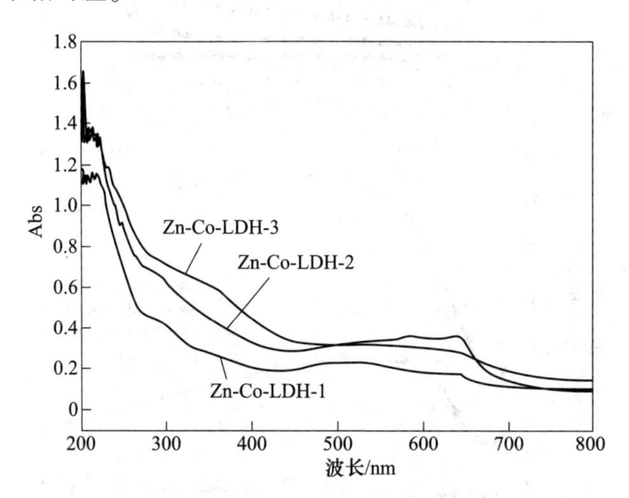

图 2-32　Zn-Co-LDH 的 UV 曲线

图 2-34 为 Zn-Co-LDH 的 N_2 吸脱附曲线和相应的孔径大小分布图。数据显示 Zn-Co-LDH 的等温线形状符合 IUPAC 分类中的 IV 型，表明材料存在明显的介孔性质。吸脱附曲线典型的 H3 滞后环揭示了材料的孔是由片状粒子堆积成的缝状

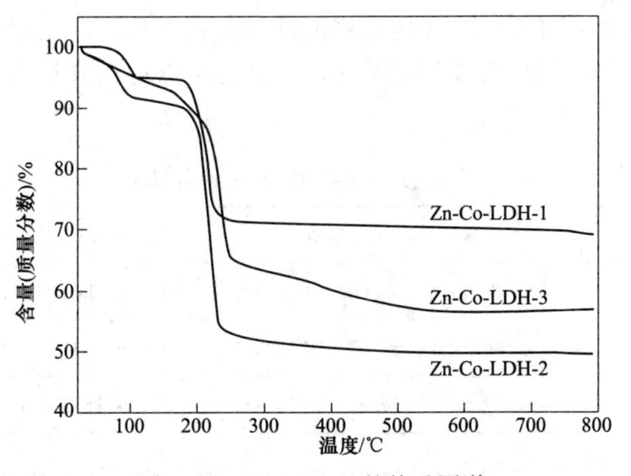

图 2-33　Zn-Co-LDH 的热重图谱

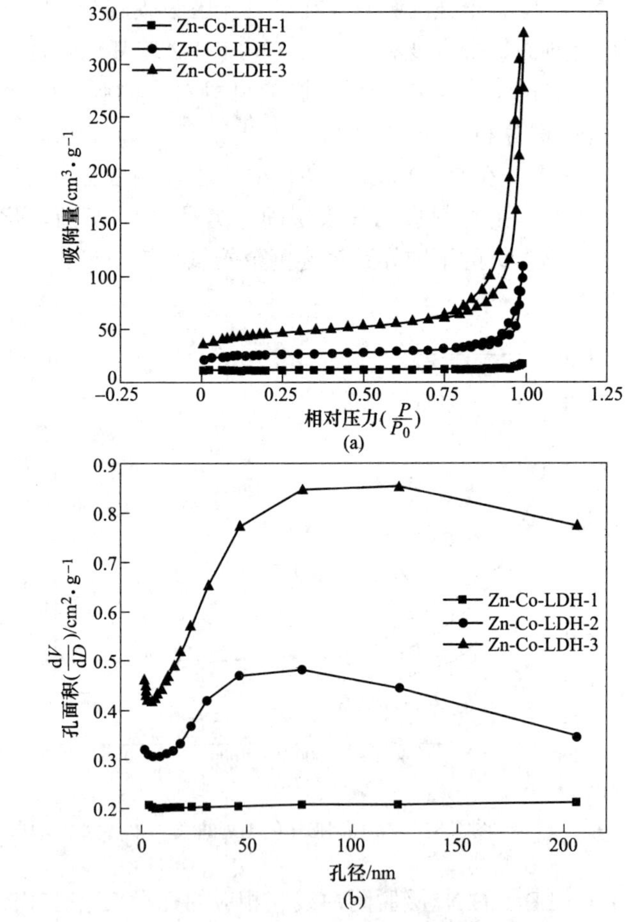

图 2-34　Zn-Co-LDH 的 N_2 吸脱附曲线和孔径分布图

（a）N_2 吸脱附曲线；（b）孔径分布图

孔隙，所合成的 Zn-Co-LDH 材料孔径主要分布在 50~100nm，孔体积比 LZH 更大。这些数值均可说明，Zn-Co-LDH 材料的比表面积较高，孔隙较多，可以在理论上证实其具有优异的吸附性能。

B Zn-Co-LDH 纳米复合材料的吸附性能

a Zn-Co-LDH-1 吸附性能测试

图 2-35~图 2-38 为不同反应条件（反应时间、吸附剂的添加量、pH 值、MO 的浓度）对 Zn-Co-LDH-1 吸附效果的影响。由图可以看出，在吸附效率在前 30min 内迅速上升，慢慢达到吸附平衡。当 Zn-Co-LDH-1 的投加量为 25mg 时（即 1.25g/L），去除率可达 80%以上，在 pH 值为 4~9 时，材料可以达到一个较好的去除率，说明所制材料适用范围较广。当 Zn-Co-LDH 添加量为 1.25g/L 时，随着 MO 浓度的增加吸附量也随之增大，对甲基橙的最大吸附量为 1114.1mg/g。

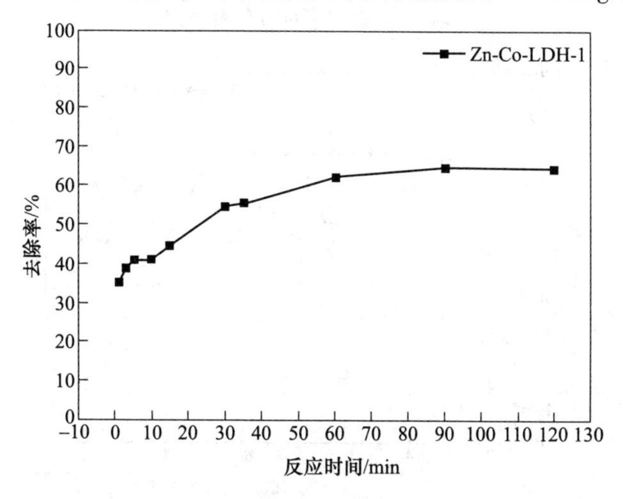

图 2-35 反应时间对从吸附效果影响

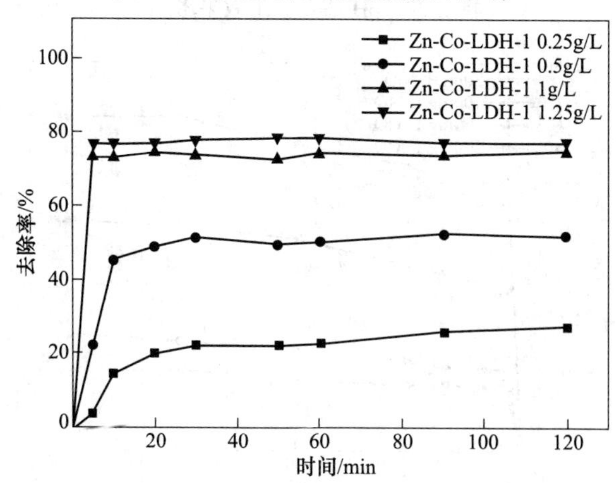

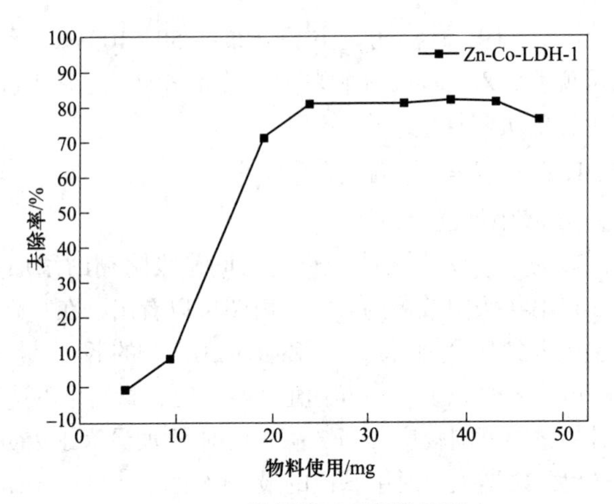

图 2-36　吸附剂量对吸附效果影响

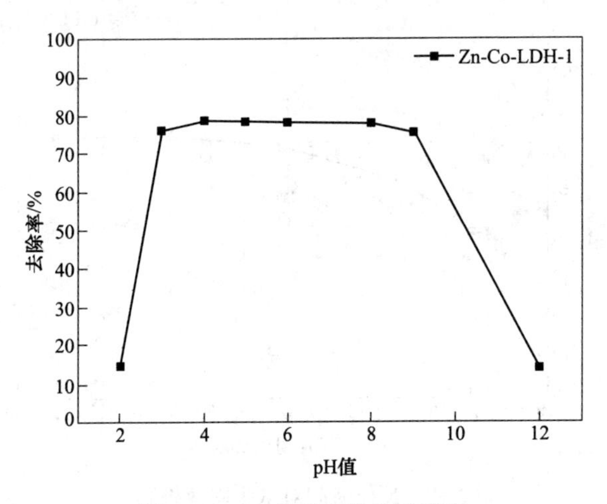

图 2-37　pH 值对吸附效果影响

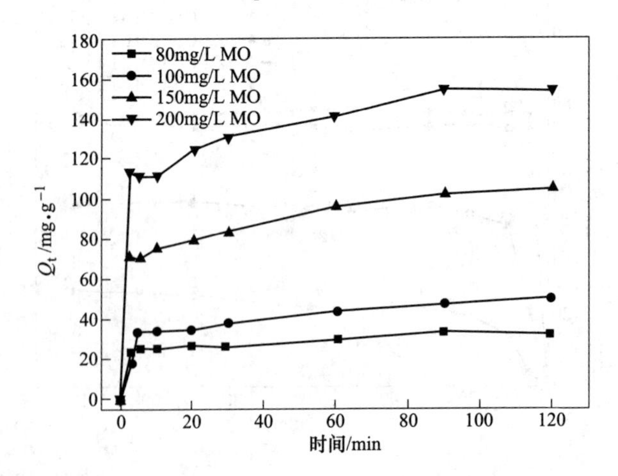

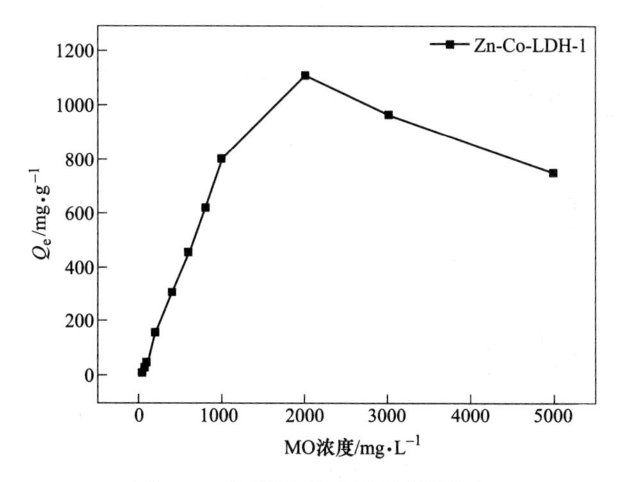

图 2-38 溶液浓度对吸附效果影响

b Zn-Co-LDH-2 吸附性能测试

图 2-39~图 2-42 为不同反应条件（反应时间、吸附剂的添加量、pH 值、甲基橙的浓度）对 Zn-Co-LDH-2 吸附效果的影响。在前 10min 内，材料对甲基橙的吸附效率迅速增加，10min 后慢慢达到吸附平衡。当材料的投加量为 1.25mg/L 时，可以达到最高的吸附效率约 90%，比 Zn-Co-LDH-1 吸附效果更好。从图 2-41 中可以发现，当 pH 值=4~9 时，材料对甲基橙去除率较高，说明最佳反应 pH 值=4~9。其原因是 pH 值过低，Zn-Co-LDH 会有轻微溶解现象，pH 值过高，会导致吸附剂的去质子化，而且负电荷的羟基离子会与酸性染料之间产生竞争作用，从而导致去除率降低。从图中还可以看出，随着 MO 浓度增加，Zn-Co-LDH-2

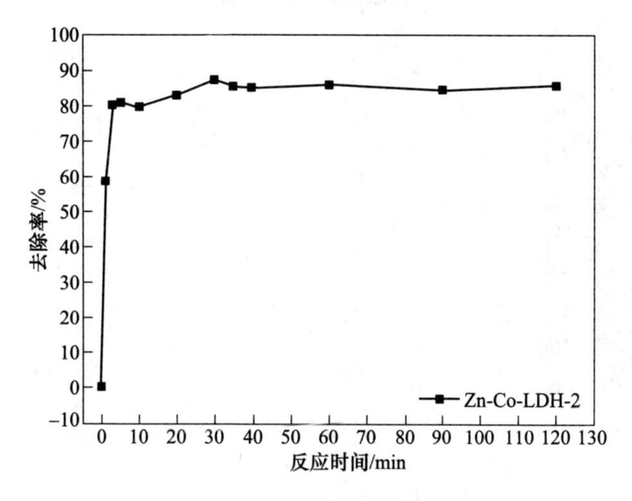

图 2-39 反应时间对吸附效果影响

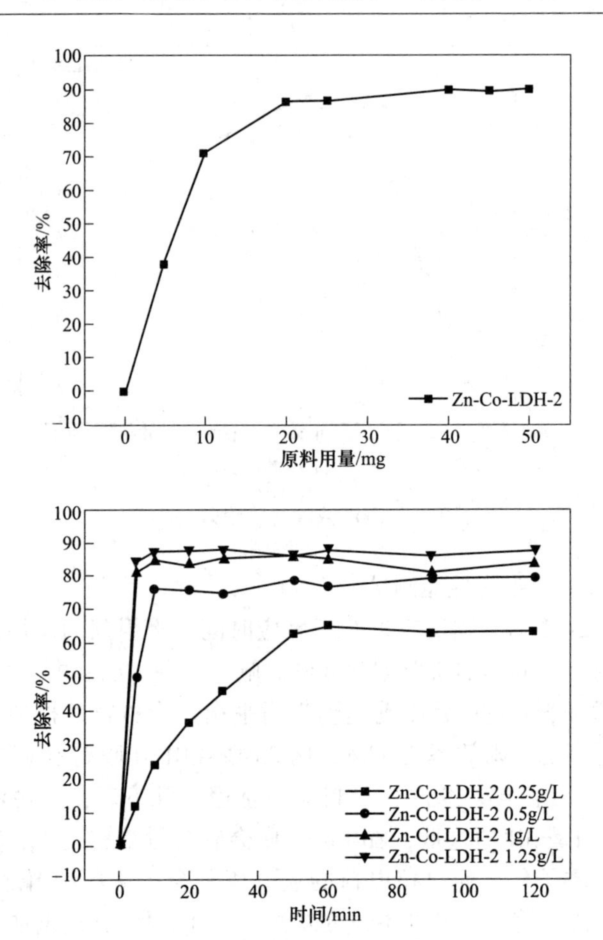

图 2-40　吸附剂量对吸附效果影响

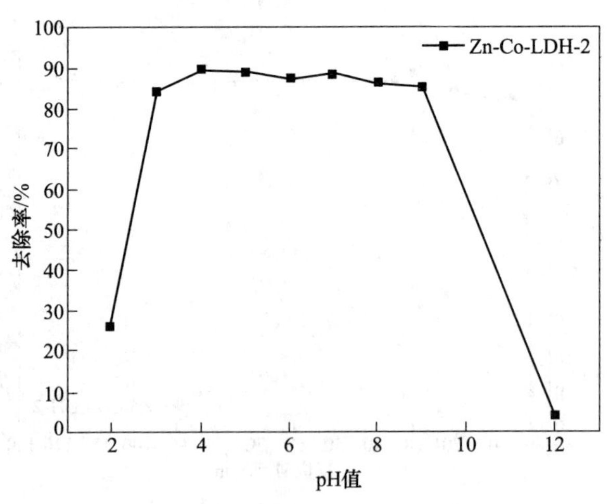

图 2-41　pH 值对吸附效果影响

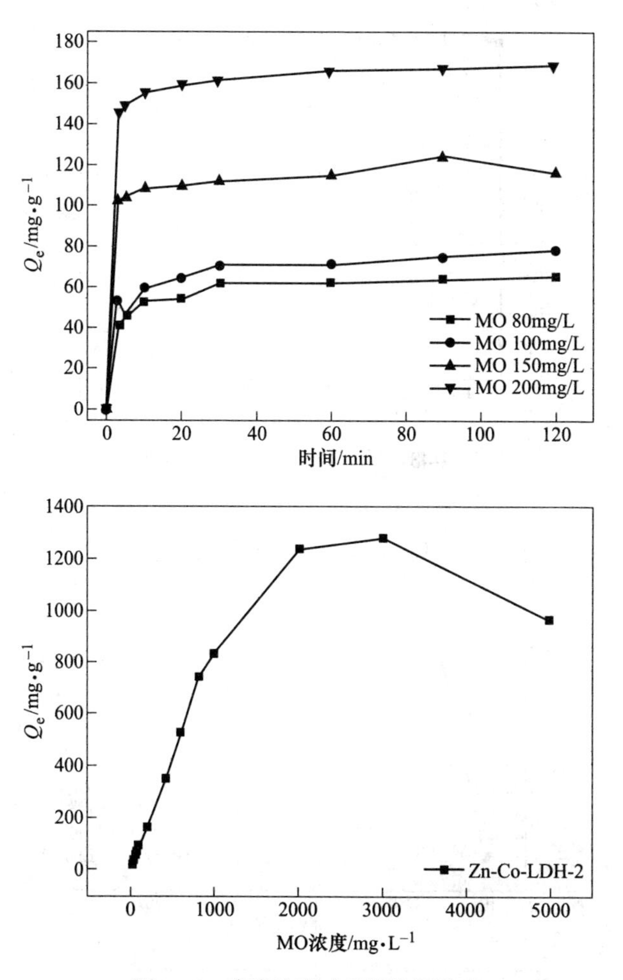

图 2-42 溶液浓度对吸附效果影响

对模拟污染物甲基橙的吸附量也增加，当浓度较高时，吸附能力增长受到了限制。这是由于在没有达到溶液饱和吸附时，Zn-Co-LDH-2 上的活性位点尚未被完全占据，所以甲基橙浓度增大会有更多的甲基橙被吸附，达到吸附平衡后，吸附剂 Zn-Co-LDH-2 中大部分结合位点被占据，染料很难进入空白结合位点。从图中还可以看到，甲基橙在 80~200mg/L 都可以在较短时间内达到平衡，Zn-Co-LDH-2 对甲基橙的最大吸附量可高达 1261.97mg/g。

c Zn-Co-LDH-3 吸附性能测试

图 2-43~图 2-46 为不同反应条件（反应时间、吸附剂的添加量、pH 值、甲基橙的浓度）对 Zn-Co-LDH-3 吸附效果的影响。从图中可以看出，Zn-Co-LDH-3 在较短的时间内就达到吸附平衡，当 Zn-Co-LDH-3 的投加量为 20mg 时，即 1g/L

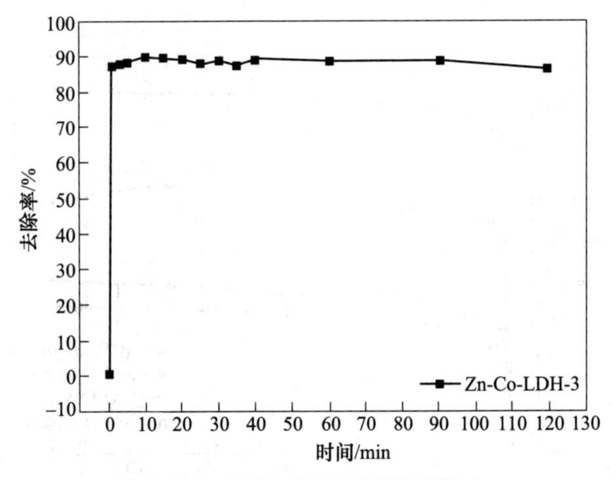

图 2-43 反应时间对吸附效果影响

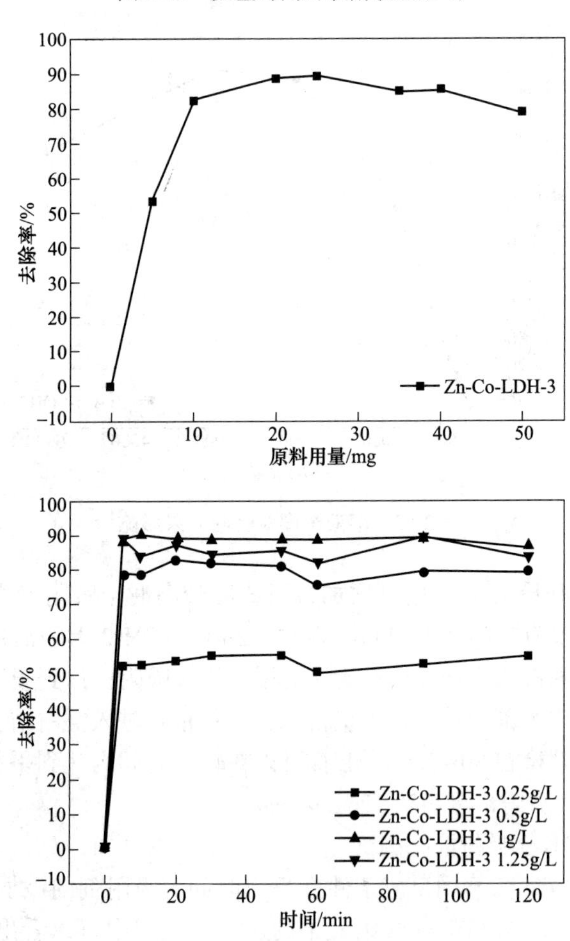

图 2-44 吸附剂量对吸附效果影响

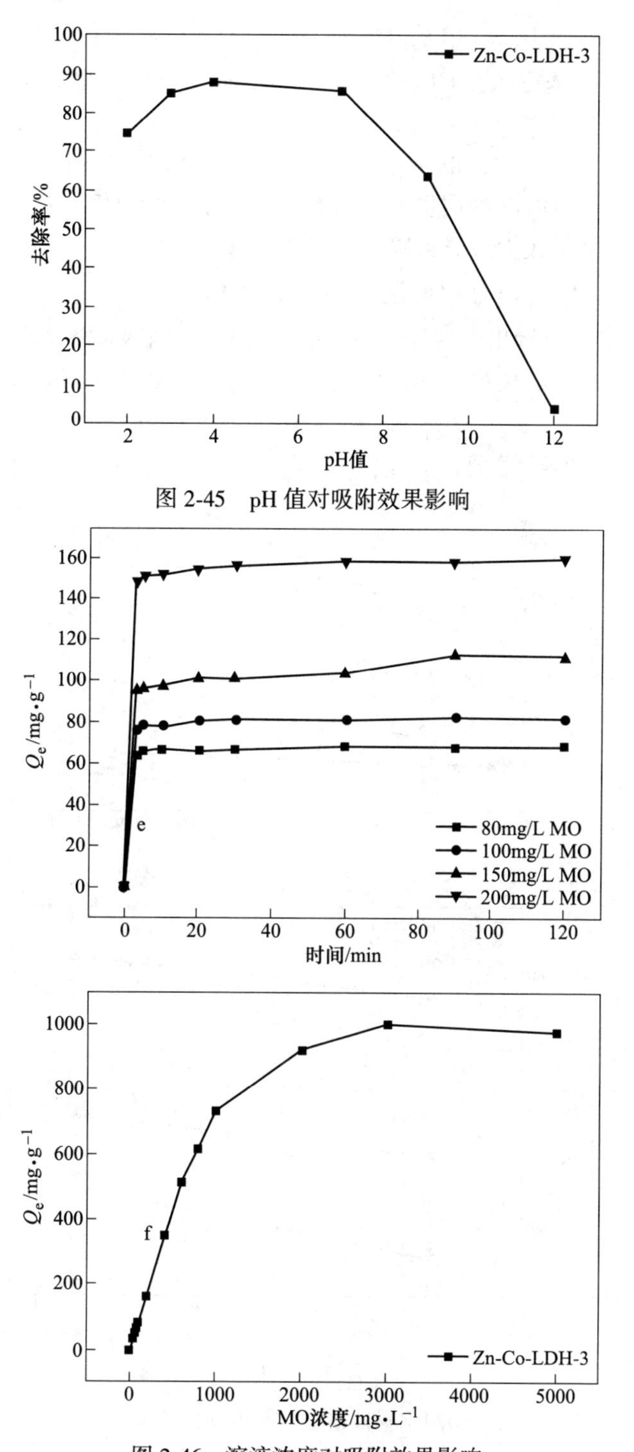

图 2-45　pH 值对吸附效果影响

图 2-46　溶液浓度对吸附效果影响

时去除率可达 90%以上。在甲基橙溶液 pH 值 = 4 ~ 8 时，材料对甲基橙的去除效果均较好。随着甲基橙浓度的增加，Zn-Co-LDH-3 对甲基橙的吸附量也随之增加，当甲基橙浓度为 200mg/L 时，吸附量可达 158. 6mg/g。Zn-Co-LDH-3 对甲基橙的最大吸附容量为 1051. 78mg/g，此结果略低于 Zn-Co-LDH-1 和 Zn-Co-LDH-2，可能是因为 Zn-Co-LDH-3 片层更薄，材料密度更小质量更轻，在实验过程中易损失，加之甲基橙分子较大，导致吸附量略有下降。

C　Zn-Co-LDH 的动力学模型与等温吸附方程

从图 2-47 中可以看出，对于三种 Zn-Co-LDH 材料吸附甲基橙，其动力学模型最符合准二级动力学模型，其线性相关系数均超过 0. 97，并且实验得到的最大

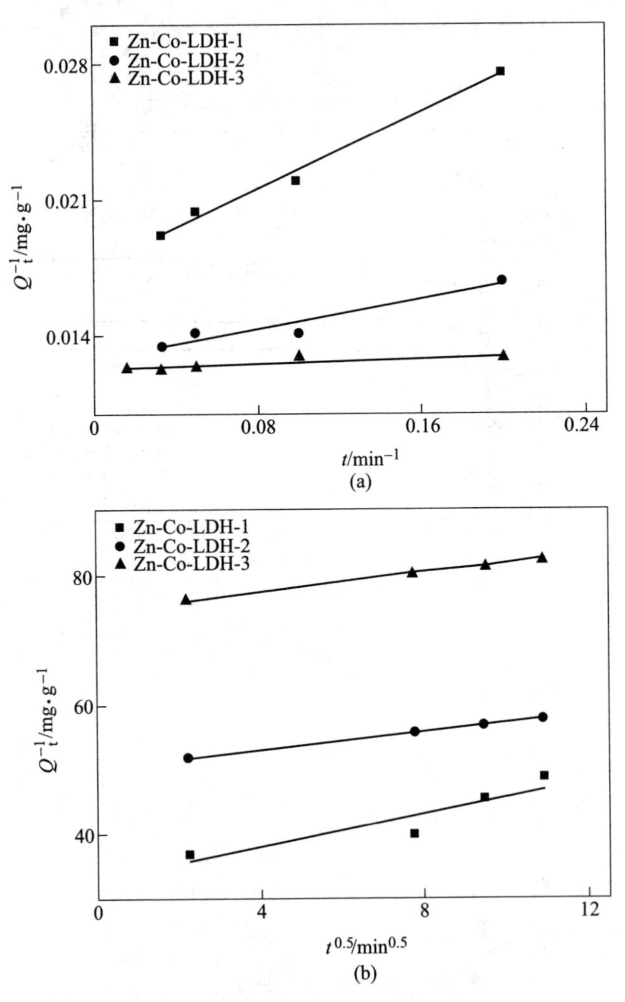

图 2-47　Zn-Co-LDH 材料的动力学模型

(a) 准一级动力学模型；(b) 准二级动力学模型

吸附量和理论计算量十分接近。这说明内扩散不是控制吸附过程的唯一步骤，Zn-Co-LDH 对甲基橙的吸附不仅仅是单纯的物理吸附过程。

从图 2-48 中可以看出，Langmuir 模型的线性相关系数均高于 Freundlich 模型，对于 Zn-Co-LDH 吸附甲基橙而言，其吸附等温式 Langmuir 模型比 Freundlich 模型更合适。这样可以说明甲基橙在 Zn-Co-LDH 上的吸附为单层吸附，并伴随有化学吸附过程。

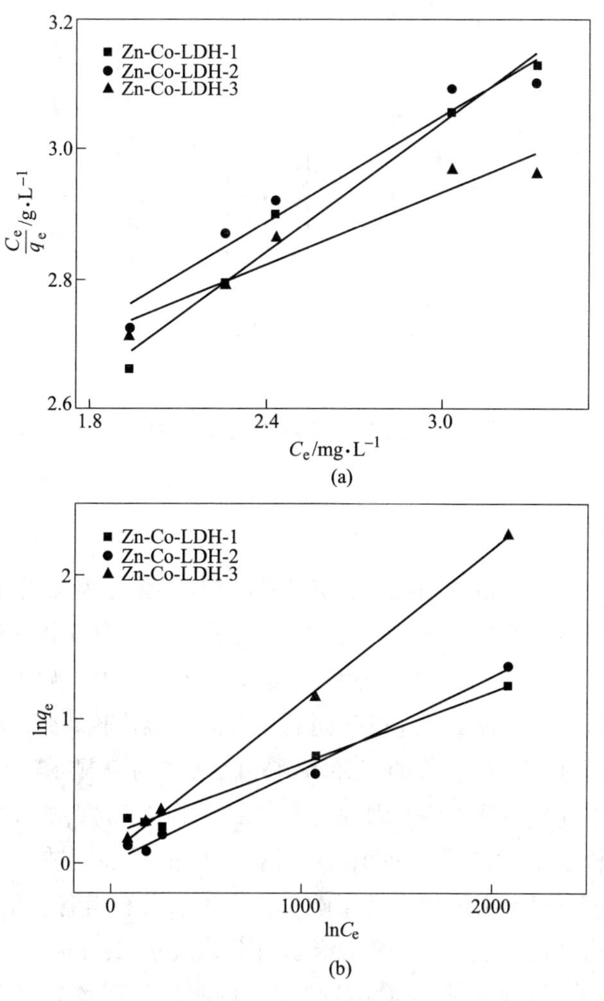

图 2-48 Zn-Co-LDH 材料的模型

（a）Freundlich 模型；（b）Langmuir 模型

D 回收及重复利用

Zn-Co-LDH 的密度相比 LZH 较轻，所以需静置较长时间才能与甲基橙溶液分离。反应过后的溶液静置 1h，吸附剂才可完全沉降至容器底部。采用一定的方法将反应过后的材料上 MO 洗脱下来后，把材料烘干后再重新进行吸附实验，如此重复三次。从图 2-49 可以看出，Zn-Co-LDH 吸附效果有所下降，这可能是由于洗脱过程中材料的少量损失引起。

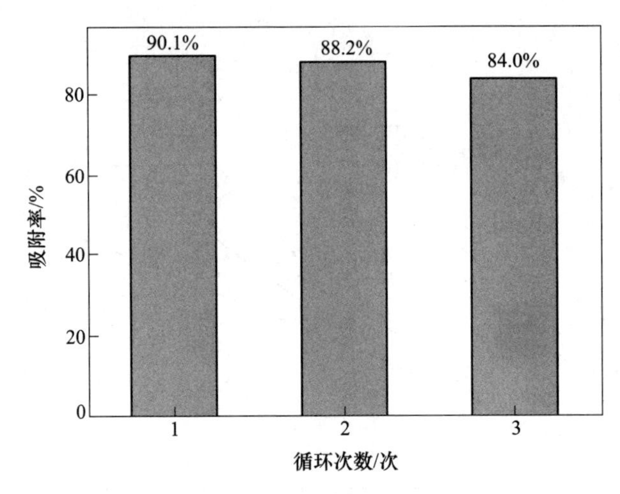

图 2-49　Zn-Co-LDH-2 的回收和重复实验

2.3.2.4　小结

本节在没有任何模板的情况下，在 LZH 材料的制备基础之上，采用水热法成功制备出二维纳米片状 Zn-Co-LDH 材料。通过改变多种实验条件，对其制备影响因素进行了考察，由于三乙醇胺的添加量对其形貌产生影响较大，对采用不同三乙醇胺量制备出的三种 Zn-Co-LDH 进行了吸附性能比较研究。在室温下，以甲基橙作为模拟污染物，所制备的三种 Zn-Co-LDH 均对其显示出比基础材料 LZH 更为优异的吸附性能。这主要是因为 Co^{2+} 的加入影响了材料的性能，使材料具有更薄的片层结构及更大的比表面积，活性位点因此增多，进而有更强的吸附特性。考察了各因素对其吸附效果的影响，找出了三种材料各自的最佳反应条件。对其吸附过程均进行了准一级、准二级动力学模拟分析、Freundlich 模型和 Langmuir 模型的模拟，发现三种 Zn-Co-LDH 材料的吸附过程均较符合准二级动力学方程和 Langmuir 模型。其中，吸附性能最为优异的 Zn-Co-LDH-2 最大吸附量可达 1261. 2mg/g。吸附循环实验也说明 Zn-Co-LDH 不仅性能优异，循环利用性也很优异解决了传统的吸附材料不能重复利用的缺点，说明该材料在染料废水治理方面具有巨大的潜力和应用前景。

2.4　Ag-LZH/Zn-MOF-LZH 的制备及光催化性能研究

2.4.1　Ag-LZH 的制备及光催化性能研究

2.4.1.1　概述

绿色环保可持续发展已经成为全人类的重要研究课题，传统吸附技术存在只能转移污染物而不能实现彻底处理的潜在风险。光催化技术可以降解和分解污染物，而且不产生二次污染，在水处理领域效果显著，前景广阔，已获得研究者的广泛关注。所以在此基础上本节研究是将重金属银负载于具有高效吸附能力的 LZH 材料上，通过改性进而提高 LZH 材料的光催化性能。从理论来讲，贵金属的负载可以提高材料本身的光生电子与空穴的分离效率，也可以作为光生电子的接收器，促进材料表面载流子的运输，从而降低电子空穴复合率，有效提高 LZH 材料的光催化性能。本节通过化学沉积法成功制备 Ag-LZH 复合材料，观察负载 Ag 之后的 LZH 材料结构，并通过各种表征手段对其进行表征分析并验证它的光催化性能；最后对银掺杂 LZH 材料在光催化过程中的作用机理进行了深入的分析。

2.4.1.2　实验部分

A　Ag-LZH 复合材料的制备

本节利用化学沉积法制备 Ag-LZH 材料，首先制备 250mL 2%的氨水、50mL 2% $AgNO_3$ 溶液、100mL 2% H_2O_2 溶液、50mL 1% $AgNO_3$ 溶液、50mL 3% $AgNO_3$ 溶液、50mL 5% $AgNO_3$ 溶液。

将含量（质量分数）为 2%的氨水加入 2%（3%、5%）的 $AgNO_3$ 溶液中混合，并加少量 H_2O 稀释配制银氨溶液。然后取 110mL 银氨溶液，向溶液里加入 1g LZH，用玻璃棒搅拌并滴加稍过量的 2% H_2O_2 溶液后用磁力搅拌器搅拌 1h。将溶液离心后，取出材料，用水、乙醇洗两次，在真空烘箱中 60℃ 条件下烘干 12h，得到不同银掺杂量的 Ag-LZH 材料［即 w(Ag-LZH) = 2%、w(Ag-LZH) = 3%、w(Ag-LZH) = 5%］。

B　材料的表征和测试方法

表征及测试方法见 2.3.1.2。

2.4.1.3　结果与讨论

A　Ag-LZH 复合材料的表征

为了了解 Ag 的掺入对 LZH 结构的影响，对材料做了扫描电镜。图 2-50 为银掺杂量（质量分数）分别为 2%、3%、5%的扫描电镜图，可以看出掺杂 Ag 之后的 LZH 材料依然为片状结构，掺杂少量片组装的片状球，掺杂后的 LZH 二维纳米片状结构并没有被破坏。

图 2-50　三种不同银掺杂量 Ag-LZH 的电镜图

（a）2%；（b）3%；（c）5%

如图 2-51 展示了 LZH（未掺杂银）的 X 射线粉末衍射图，以及银掺量（质量分数）分别为 2%、3%、5%的 X 射线粉末衍射图。从图中可以清楚地看到 LZH 与标准卡片 $Zn_5(OH)_8(NO_3)_2 \cdot 2H_2O$（ICDD24-1460）相对应，在银掺量（质量分数）分别为 2%、3%、5%的 X 射线粉末衍射图中，除了有二维纳米片装 LZH 的衍射峰外，在 $2\theta = 38.2°$、$44.4°$、$64.6°$处有峰清晰可见，这与 JCPDS 卡片中 Ag(04-0783）卡片相对应，为金属单质银的标准图谱。从 LZH 及其不同 Ag 掺杂量的复合材料的 XRD 光谱可以看出，银的负载并没有影响 LZH 的衍射峰，衍射峰也没有改变或偏移，说明在负载 Ag 的 LZH 材料中银原子是结合在 LZH 的表面。

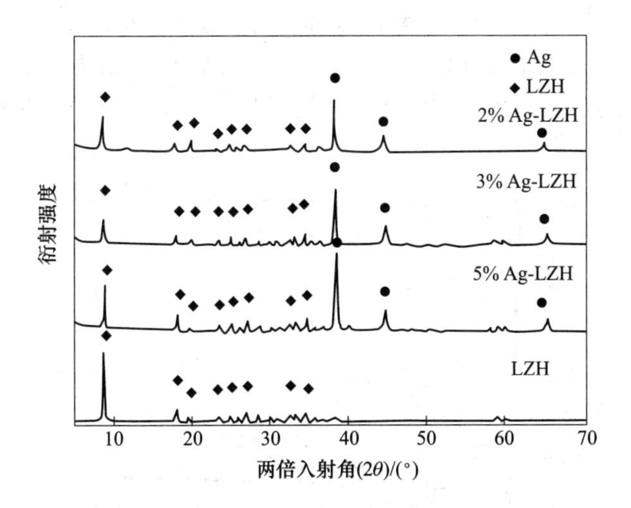

图 2-51 Ag-LZH 的 XRD 图谱

图 2-52 为不同 Ag 复合比得到的 Ag-LZH 的红外光谱图。从图中可以看出，三种不同百分比的材料红外光谱差别不大。其中 3448cm^{-1}（O—H 的伸缩振动）和 1636cm^{-1}（O—H 的弯曲振动）表明材料中存在 OH^- 以及层间 H_2O。此外，在低频区域（500~900cm^{-1}）也出现的吸收峰主要是因为 LZH 层板间的金属-氧-金属键（Zn—O—Zn）及金属-氧键（Zn—O）的晶格振动所导致的。通过红外光谱图，还可以看到 1384cm^{-1}处显示的强吸收峰为插层阴离子 NO_3^-，可以证实阴离子确实已经存在于 LZH 样品之中。图 2-53 为 LZH（未掺杂）和掺杂银的 LZH 的紫外可见吸收光谱。通过图谱可以看出 LZH 的特征峰在 300nm 附近，而掺杂

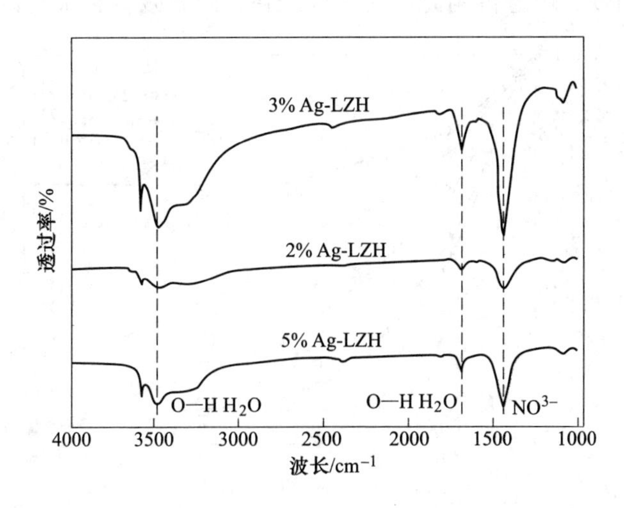

图 2-52 Ag-LZH 的红外图谱

不同Ag的LZH复合材料吸收强度有不同程度的增强，并且在可见光区存在微弱吸收，说明掺杂Ag的LZH出现红移现象。掺杂Ag的LZH材料在可见光区出现吸收峰，归因于银的掺杂。其中银掺杂量（质量分数）为2%的紫外吸收效果最好。

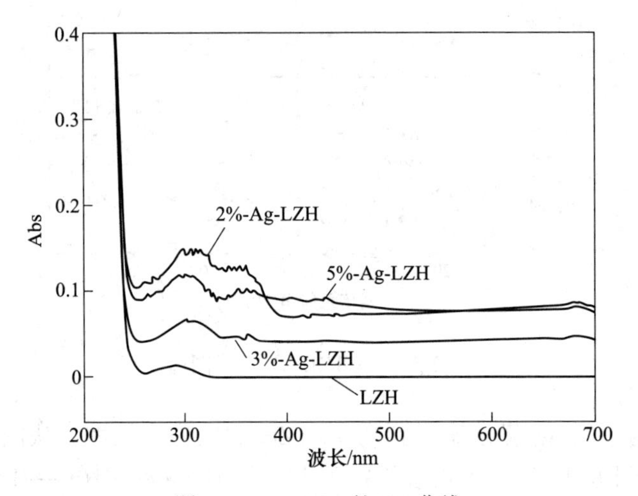

图2-53 Ag-LZH的UV曲线

B Ag-LZH复合材料的光催化性能测试

控制其他实验条件一致，研究不同Ag的掺杂量对LZH的光催化性能的影响。从图2-54的实验结果可以看出，Ag的掺杂确实可以影响LZH的光催化活性，但是从数据来看并不是银的掺杂量越多催化性能越好，当银掺杂量（质量分数）为3%的时候，甲基橙的光降解速度最快，降解效率也最高，过多的Ag的

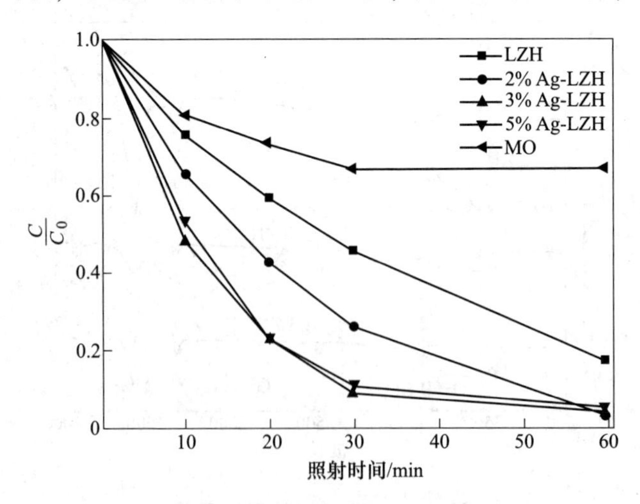

图2-54 不同Ag掺杂量的Ag-LZH对甲基橙的降解

加入并没有对光催化性能起到增加的作用，比如掺杂量（质量分数）为 5%与为 3%对光催化活性的影响差别不大，所以本研究选取 3%-Ag-LZH 的材料进行后续实验。银的掺杂虽可有效降低光生电子和空穴的复合率，但是实际中的光催化反应过程特别复杂，还有许多影响光催化活性的因素。银太多会占据 LZH 的表面，影响 Ag-LZH 材料对光的利用，从而降低降解率。另外，银过多的掺杂还会堵塞 LZH 之间的孔隙，降低其比表面积。总之，合适的银的掺杂量才可以取得较好的光催化效果。

控制其他实验条件不变，研究不同染料结构对光催化降解性能的影响。图 2-55 为在紫外灯下，LZH 含量（质量分数）为 3%的 LZH 对几种不同染料（刚果红、甲基橙、亮绿、日落黄、苋菜红）的降解效果图，在 30min 内这几种染料均可以被完全降解。然而在前 30min，可以从图中看到 LZH 对 MO 的降解要比其他几种染料降解慢，这是因为这几种染料结构不一样，不同染料具有不同的氧化还原电位，光激发后的性质也不同。甲基橙是重氮染料较其他染料结构要更复杂，分子量更大，更难降解，本实验即选取较难降解的甲基橙染料为主要研究对象。

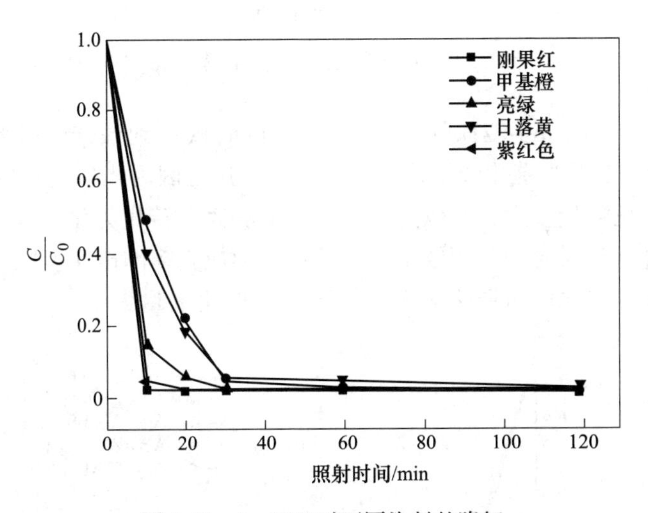

图 2-55 Ag-LZH 对不同染料的降解

制备浓度分别为 10mg/L、20mg/L、40mg/L、50mg/L 的甲基橙溶液于试管，加入质量分数为 3%-Ag-LZH 30mg，将其置于光催化反应仪中光照条件下降解 120min，并每隔 10min，取出用紫外分光光度计测其吸光度，分析不同初始浓度的甲基橙溶液对降解效率的影响。从图 2-56 中可以看出，降解速率随甲基橙浓度的增大而呈降低趋势。由此可见，MO 的光催化效果受起始浓度影响比较大，甲基橙初始浓度低的降解效率反而高，可以说明甲基橙的初始浓度与光催化效率呈反相关关系。这是由于甲基橙浓度高时，光线穿透能力较弱，导致参加反应的光子数量大大减少；而且，浓度高时会导致很多溶质被紧紧吸附在吸附材料表面，这样材料暴露在外的活性位点变少，引起羟基等活性氧化物种类的数目减少不利于光催化反应的进行。从环保节能的方面考虑，更应选择最佳的甲基橙溶液初始浓度为 10mg/L。

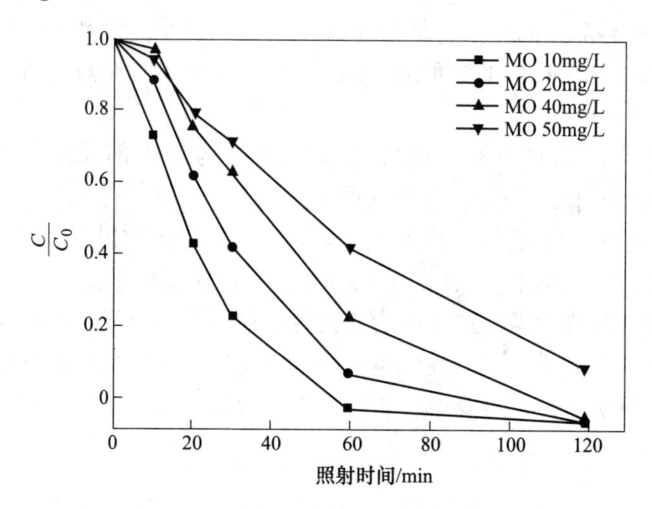

图 2-56　不同甲基橙浓度对降解的影响

由图 2-57 可知，Ag-LZH 的用量在 1g/L 的时候达到最佳降解效果。随着催化剂的量增多，MO 光催化降解速率猛然提高。这是因为当催化剂的量小于 1g/L 时，反应活性位数量较少，有效光子能量不能够完全转化为化学能，增加催化剂的量可以提高材料对光的利用效率，从而可以形成更多的电子空穴对，产生更多的活性物质，加快 MO 的降解速率。但当加入催化剂量大于 1g/L 时，活性位点

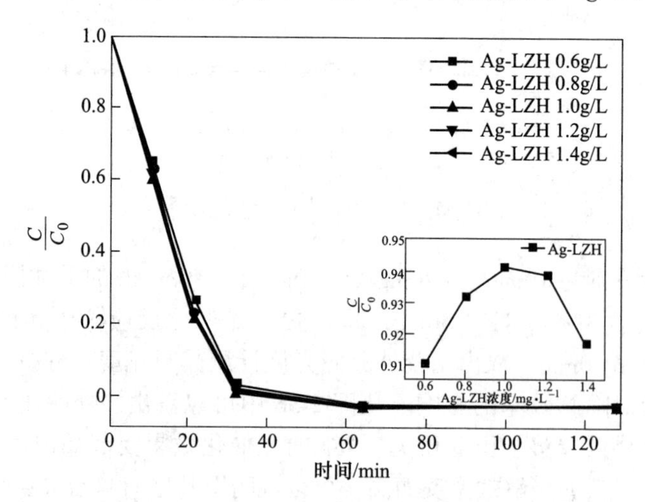

图 2-57　不同 Ag-LZH 的量对光催化效果影响

已被占据，继续增加催化剂只会增加溶液的浑浊度，造成光散射，所以催化剂的量过高反而不利于光穿透溶液，导致降解率下降，综上所述，催化剂用量最佳为1g/L。

催化剂投加量为1g/L，配制5份10mg/L的甲基橙溶液，调节溶液pH值=4、6、8、10，在光催化反应仪中进行光催化降解，光照时间为2h，研究初始pH值对光催化降解甲基橙的影响，实验结果如图2-58所示。从图2-58中可以看到，pH=4时，降解速度最快，推测可能是由于溶液的pH值直接影响甲MO的存在方式，同时影响催化材料表面所带的电荷性质从而影响甲基橙在Ag-LZH材料表面的吸附过程。

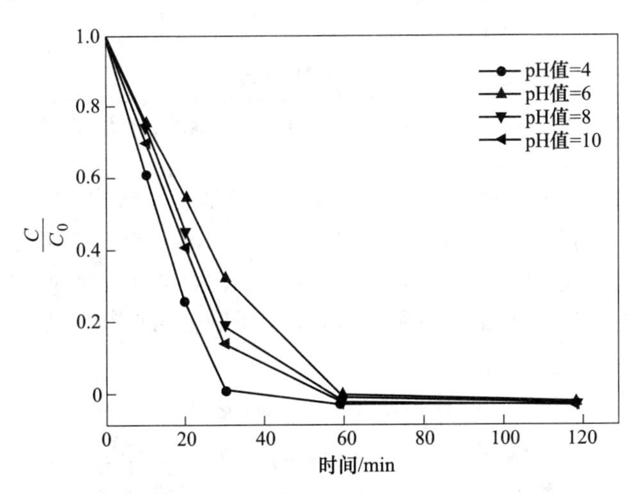

图2-58 不同溶液pH值对降解效果的影响

C Ag-LZH的回收利用

鉴于光催化剂的循环使用次数是影响其实际应用能力的关键指标，进行连续三次光催化降解实验，将反应结束后的Ag-LZH材料用蒸馏水和无水乙醇多次冲洗材料，干燥后收集再进行光催化实验，结果如图2-59所示。随着循环次数的增加，光降解能力只是略有降低，降低的原因归因于材料在循环过程中有少量的损失。在三次循环之后光降解能力依然能达到91.7%，显示出可靠的光催化剂可循环回收利用能力，再次证明了LZH是一种可重复使用多次的高效催化剂。

D Ag-LZH光催化机理分析

因为贵金属银的费米能级比LZH的费米能级高，当两者复合的时候，为了维持自身能量稳定材料就会产生一个新的费米能级。贵金属Ag掺杂LZH可以有效改善材料的光催化性能是因为Ag与LZH会产生SPR（等离子共振效应），即光入射到金属粒子上，入射光子频率与金属传导电子的整体震动频率相匹配，导

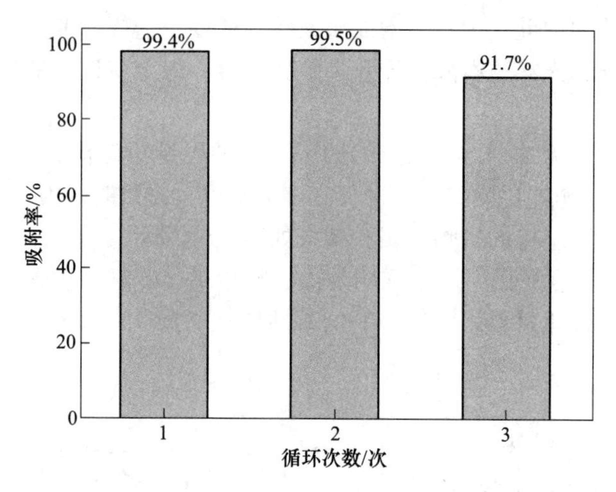

图 2-59　质量分数为 3%Ag-LZH 的回收和重复实验

致金属会对光子能量产生很强的吸收。通俗地说金属导电性很强，电子会自动从 LZH 转移到 Ag，直到它们的费米能级相等为止。银原子可以作为光生电子的储存仓，可以有效地降低光生电子与空穴的复合率，并且二维纳米片状材料 LZH 具有大量的孔隙和较大的比表面积可以让 Ag 负载，可以极大提高材料的光催化能力。

如图 2-60 所示，由于 LZH 的能带间隙值高达 3.7eV，而 Ag 的能带间隙值仅为 0.4eV，当太阳光照射在 Ag-LZH 上时，LZH 价带上的电子就会被激发至导带，导致光生电子和光生空穴的分离。当 LZH 与银相互接触时，由于银具有很强的导电性，LZH 上的电子会迅速被导流至 Ag 表面，Ag 作为光生电子的存储仓可以

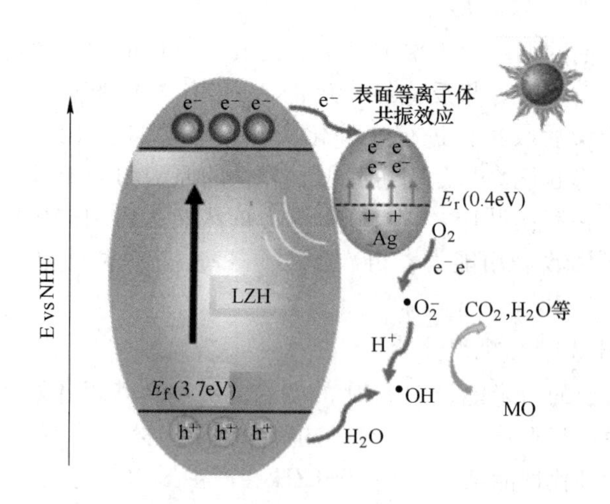

图 2-60　Ag-LZH 的光催化原理图

存储一部分电子，可以提高光生电子空穴的分离率。所以光生电子就更易被水中的 O_2 获得，形成具有强氧化性的过氧基自由基 · O_2^-，LZH材料上的光生空穴将被水中的 OH^- 捕获形成羟基自由基 · OH，自由基 · O_2^- 及 · OH都具有强氧化性，可以氧化降解水中的污染物，将其变成二氧化碳和水等一些无毒小分子。

2.4.1.4 小结

本节采用化学沉积法以氨水、硝酸银、过氧化氢等为原料，制备了二维层状结构明显，分布非常均匀的Ag-LZH光催化材料，掺杂Ag的LZH仍能保持一定的原有的LZH结构形貌。并讨论了各种因素（Ag的掺杂量、染料结构、初始浓度、初始pH值、催化剂的投加量）对Ag-LZH光催化性能的影响。实验证明这些因素均会对Ag-LZH降解甲基橙产生或多或少的影响。

从实验结果表明，LZH掺杂Ag后，Ag作为光生电子的储存仓，有效提高了LZH的光催化性能，降解甲基橙显示出优异的效果。用掺杂含量（质量分数）为3% Ag的LZH降解10mg/L的甲基橙溶液，在60min内降解效率几乎可达100%。自制材料Ag-LZH性质稳定，经过多次循环重复利用，Ag-LZH仍能保持优异的光催化效果。

2.4.2 Zn-MOF-LZH的制备及光催化性能研究

2.4.2.1 概述

金属-有机框架（MOFs）是一类具有代表性的单分子层次上、功能调控优势明显的无机/有机功能化异质结构晶态材料，基于金属的二级构建模块（SBU）和有机配体可以进行连接提升异质结构的多种性能，在储氢、催化、药物输送、光催化和光电传感器件等领域具有潜在的应用价值而备受关注。因此，作为新型光催化材料，研究者可以通过设计提高有机配体的可见光吸光能力和光子传输能力。MOFs具有极大的内部比表面积，显著的半导体特征，结构可设计而且极为稳定不团聚的优点。本节以LZH为锌源，合成了一种Zn基有机框架（Zn-MOF-LZH，材料后文简称为Zn-MOF材料），将其应用于阴离子染料甲基橙的光催化降解，初步研究了各种不同因素对光降解率的影响。

2.4.2.2 实验部分

A　Zn-MOF-LZH材料的制备

取20mg的LZH材料与20mg的联苯二甲酸于反应釜玻璃内衬中（控制其

质量比为1∶1），加入3mL的去离子水以及1mL的N-N-二甲基甲酰胺溶液（控制其水溶比为3∶1），将溶液放入超声波振荡器中振荡一定时间使其充分混合均匀，将混合均匀的溶液放入反应釜中，在120℃的条件下反应6h。待6h反应完成后，反应釜温度降至室温，取出反应釜玻璃内衬，过滤上部溶液，得到的固体材料在60℃条件下真空干燥，即可制备得6h的MOFs功能材料。改变材料反应时间为2h、4h、8h（即可制备得一系列反应时间不同的Zn-MOF功能材料）。

B　Zn-MOF-LZH材料的光催化性能测试

称取一定量的目标染料甲基橙，溶解到一定体积的去离子水中得到一定浓度的染料溶液。取30mL的一定浓度的甲基橙染料废水于50mL玻璃试管中，每只试管加有一定量的Zn-MOF材料，放入磁力搅拌器上暗反应30min，以实现染料分子和Zn-MOF材料之间的吸附—脱附平衡。然后开启300W的紫外灯并调到指定功率进行持续照射。每隔一段时间，从试管中取出3mL染料上清液（测试完后立即倒回试管中），通过紫外-可见分光光度计测试甲基橙在464nm出最大特征吸收峰的吸光度值得变化。

2.4.2.3　结果与讨论

A　Zn-MOF-LZH材料的表征测试

由图2-61可以看出，在反应时间为2h时，LZH材料表面尚未生成MOFs材料；当反应时间增加至4h，LZH表面开始发生形貌变化，出现有层状堆积的MOF。形貌与LZH材料明显不同，可以从一定方面说明LZH上成功生长出MOF材料。

(a)

(b)

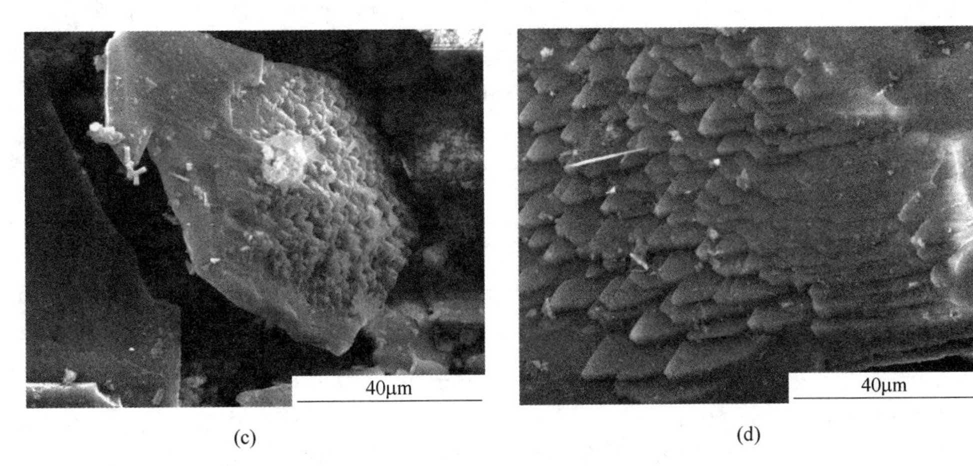

图 2-61 Zn-MOF 电镜图

(a) 2h; (b) 4h; (c) 6h; (d) 8h

图 2-62 为控制不同反应时间所制备的 Zn-MOF-LZH 功能材料的 XRD 粉末衍射分析图谱，可以从图中看出其中在反应时间为 6h 的时候材料的 XRD 峰强最强，峰也较窄，材料结晶度比其他的反应时间要好，所以选择反应时间为 6h 为制备调控 MOFs 环境功能材料的最佳反应时间。图 2-63 为控制不同反应时间所制备的 MOFs 功能材料与最初的原材料 LZH 的傅里叶红外分析图谱，复合材料中波数在 $1417cm^{-1}$处出现的强烈宽吸收峰，属于羧基的对称伸缩特征峰。Zn-MOFs 材料中在 $500\sim700cm^{-1}$出现的吸收峰为配体中苯环所显示的峰，用傅里叶红外光谱表征数据可以从侧面证实 LZH 上可以生长出 MOFs 材料。

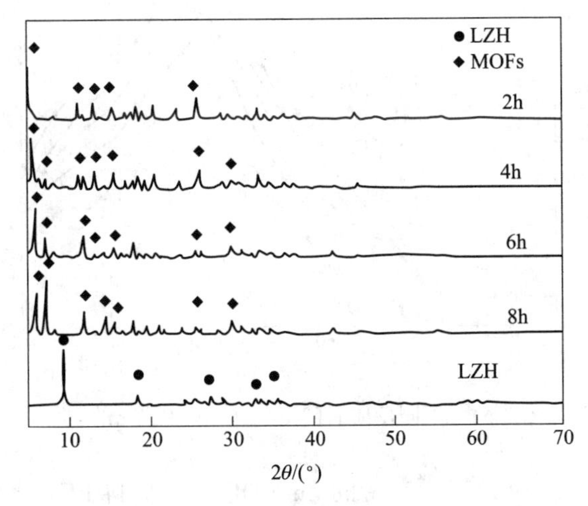

图 2-62 不同反应的 Zn-MOF 的 XRD 图谱

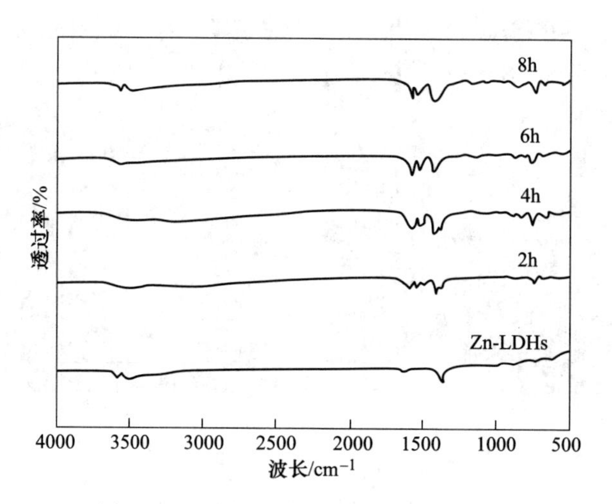

图 2-63　不同反应的 Zn-MoF 的红外图谱

从图 2-64 可以看出，不同的反应时间对其荧光反应效果虽有一定影响但是影响不大，Zn-MOFs 复合材料峰的强度都相差不大，说明不同反应时间 Zn-MOFs 复合材料电子空穴复合率也相差不大，晶格缺陷较小，结晶度也较好。从固体紫外分析图谱 2-65 中可知，不同反应时间对其固体紫外图谱峰值影响较小，峰宽也近乎一致，说明反应时间的改变对其作用不是特别明显。

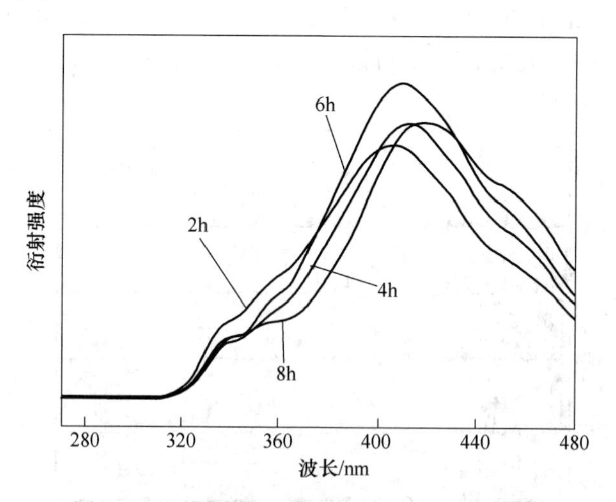

图 2-64　不同反应时间下的 Zn-MOF 荧光曲线

图 2-66 为不同反应时间所制备的 Zn-MOF 功能材料 BET 分析图谱，从图中可以看出四种不同反应时间的 Zn-MOF 材料在氮气吸附脱附下均显示 H3 型回滞

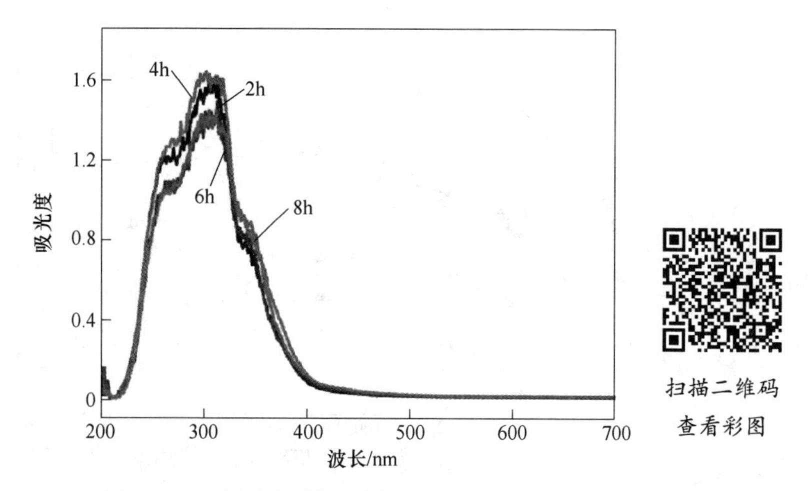

图 2-65 不同反应时间下的 Zn-MOF UV 图谱

环，表明这四种材料中均存在介孔和缝状孔隙。而其中反应时间为 6h 的材料吸氮量最大，说明在反应时间为 6h 时孔隙率增加，可以确定最佳反应时间为 6h。图 2-67 为不同反应时间所制备的 MOFs 功能材料孔径分析图，从图中可以获知反应时间为 2h、4h、6h、8h 的 Zn-MOFs 材料均为中孔尺寸分别为 126.06nm、99.82nm、126.10nm、99.90nm。

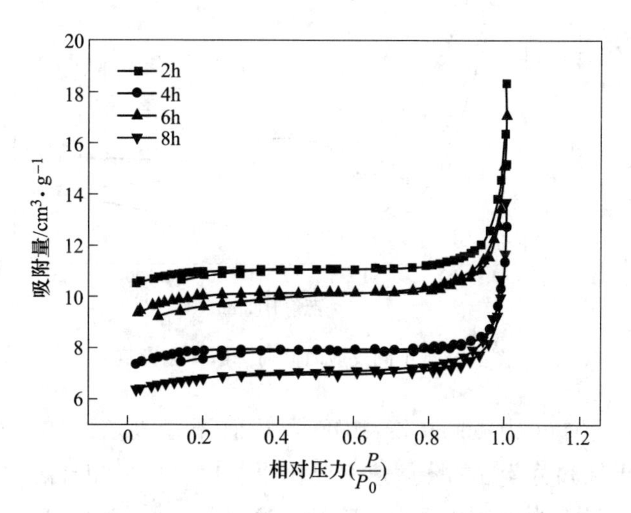

图 2-66 不同反应时间下的 Zn-MOFs BET 图谱孔径

B 光催化性能测试

从图 2-68 可以看出，在前 30min 染料的降解率迅速增高，在 60min 后达到了

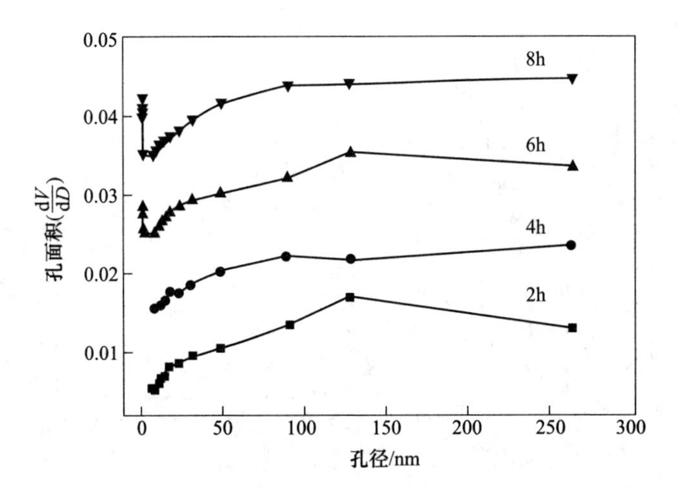

图 2-67　不同反应时间下的 Zn-MOFs 孔径分布图

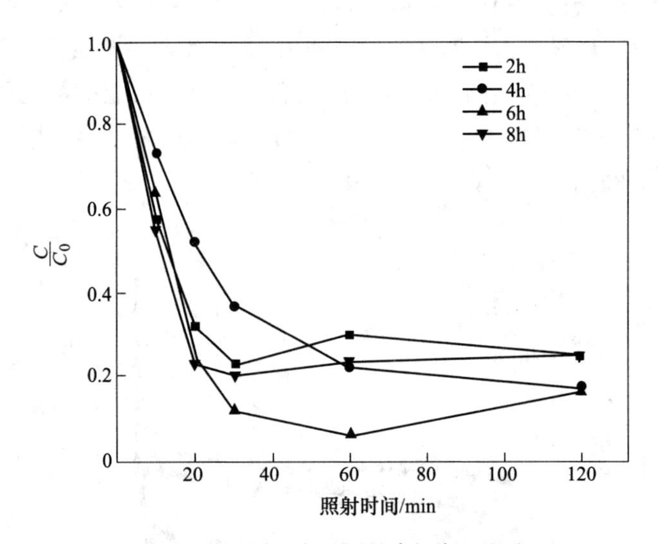

图 2-68　不同反应时间对降解率的影响

平衡，其中反应时间为 6h 的 Zn-MOF 降解效率最高。由图 2-69 可以看出，Zn-MOF 对刚果红和苋菜红的降解速率要比甲基橙、亮绿和日落黄要快，但是在 60min 时所有染料都能达到几乎完全降解。这可能是由于 Zn-MOF 对不同尺寸的染料分子具有选择性降解能力，与 Zn-MOF 框架的孔道尺寸大小有关。

由图 2-70 ~ 图 2-72 可以看出，甲基橙浓度越低，光降解效率越高，Zn-MOF-6 催化剂对初始浓度为 10mg/L 的 MO 溶液有很好的降解效果，降解率能

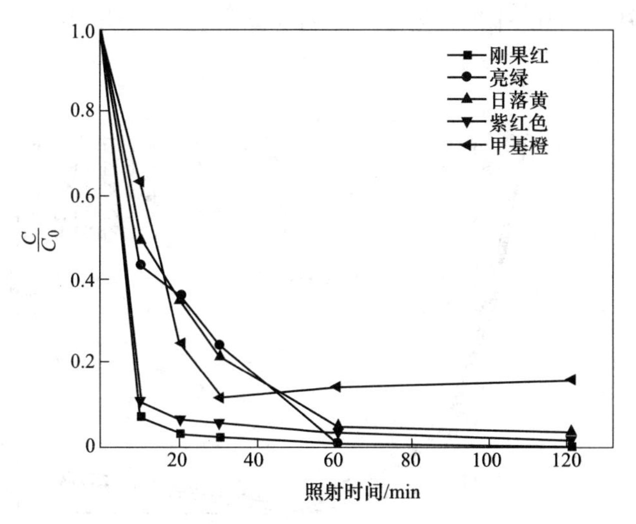

图 2-69 不同结构染料对降解率的影响

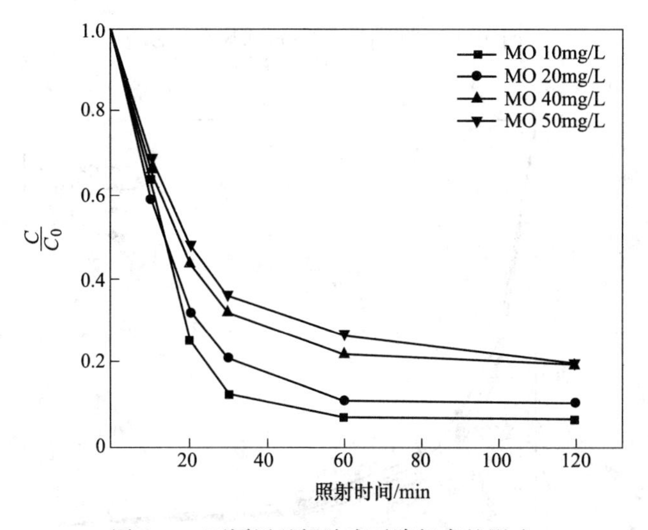

图 2-70 不同甲基橙浓度对降解率的影响

达到 90%以上。这是因为浓度过高会遮挡光线射入降低对光的利用效率，而且当染料浓度过大时，催化剂的活性位点是一定的，活性位点被占据后，过量的染料分子无法进一步降解，导致较低的降解率。当催化剂 Zn-MOF-6 的添加量为 1.0g/L 时，可以取得最优降解效率，材料添加量过多或过少都不利于降解反应。这是因为在材料的量低于 1.0g/L 时，增多用量会使体系中的光生电子和空穴数量增多，提高体系的降解效率。当催化剂 Zn-MOF-6 的量超过 1.0g/L 时，降解率降低是因为催化剂用量达到一定程度后造成光的散射，影响光吸收。在溶液 pH = 4 ~ 10 时，催化效率无明显差异，这说明所制备材料有较广泛的应用范围。

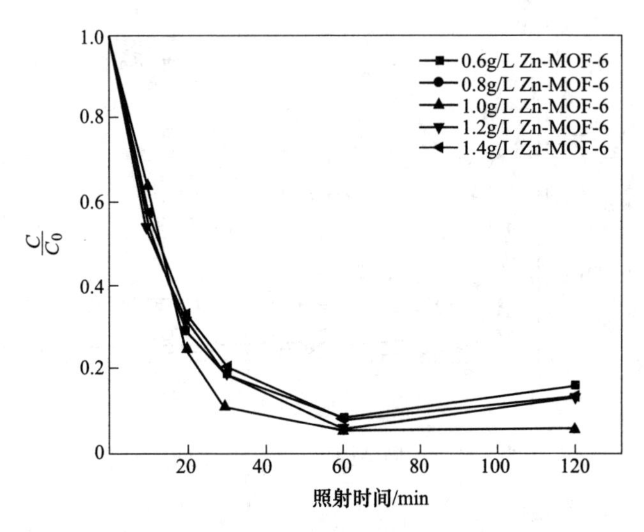

图 2-71　不同催化剂量对降解率的影响

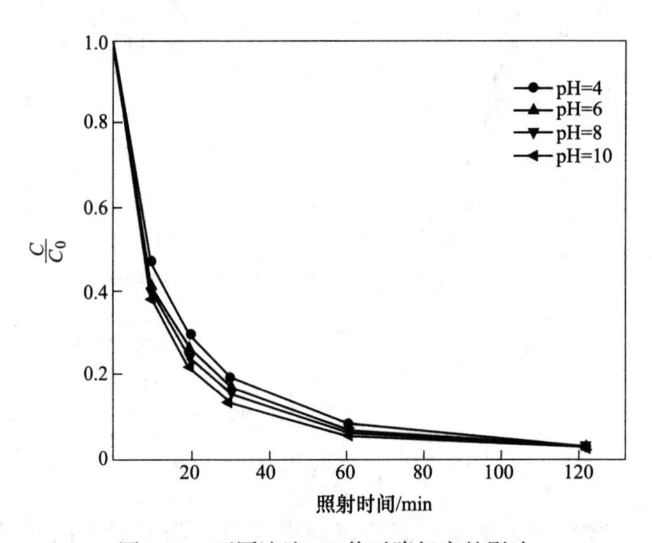

图 2-72　不同溶液 pH 值对降解率的影响

2.4.2.4　小结

本节采用水热法以 LZH、DMF、联苯二甲酸等为原料，制备了形貌较好、性能优异的 Zn-MOF-LDH 材料，并对并 Zn-MOF-LDH 材料进行了表征分析。讨论了各种因素（染料结构、初始浓度、初始 pH 值、催化剂的投加量）对

Zn-MOF-LDH 光催化性能的影响。染料结构、初始浓度、初始 pH 值、催化剂的投加量均会影响 Zn-MOF-LDH 材料对甲基橙的光催化效率。

从实验结果表明，Zn-MOF-LZH 复合材料有效提高了单纯的 LZH 的光催化性能，降解甲基橙显示出优异的效果。Zn-MOF-6 在 pH 值 = 4 ~ 10，10mg/L 的甲基橙溶液中，催化剂添加量为 10mg，其对甲基橙降解效率几乎可达 100%。

本研究为金属-有机骨架材料在染料废水中的应用奠定了一定的基础，具有一定的研究意义。

3 过渡金属氧化物陶粒复合臭氧催化剂性能及降解水中水杨酸的研究

3.1 概论

3.1.1 政策重点支持新材料及其环境污染治理中的应用研究

环境保护是我国的一项基本国策，我国历来重视环境保护工作。1997 年党的十五大报告明确提出实施可持续发展战略。从 2002 年党的十六大以来，在科学发展观指导下，党中央相继提出走新型工业化发展道路，发展低碳经济、循环经济，建立资源节约型、环境友好型社会，建设创新型国家，建设生态文明等新的发展理念和战略举措。

2012 年党的十八大报告进一步明确提出了建设生态文明的新要求，并将到 2020 年成为生态环境良好的国家作为全面建设小康社会的重要要求之一。《“十二五”国家战略性新兴产业发展规划》指出：新材料产业要大力发展新型功能材料、先进结构材料和复合材料，开展共性基础材料研究和产业化，建立认定和统计体系，引导材料工业结构调整。

发改委和中科院联合发布的 2013—2017 年中国战略性新兴产业市场前景规划及投资决策建议研究报告，战略性新兴产业之一新材料产业发展分析及预测中对发展先进复合材料、生态环境材料、纳米材料、新型功能材料等领域技术发展与创新进行了重点描述，对新技术提出了更多的期望。

《河南省中长期科学和技术发展规划纲要（2006—2020 年）》中也将资源与环境作为优先发展的重点领域，坚持资源节约优先，提高循环利用率，积极开发利用非传统资源，提高新型资源利用技术的研究开发能力，进环保产业发展。积极发展综合治污与废弃物循环利用技术，突破新型环境功能材料开发领域的关键技术，加大废弃物等资源化利用技术开发，建立发展循环经济的技术示范模式。《国务院关于支持河南省加快建设中原经济区的指导意见》中指出，重点推进新材料、新能源等先导产业发展，大力发展节能环保产业。实施节能环保成套装备发展，培育战略性新兴产业示范基地。

2017 年《郑州市加大科技研发投入实施方案》中明确提出未来的工作重点是加大财政科技投入、壮大科技创新投入群体、汇聚科技创新资源、强化政策支撑作用。这就充分说明郑州市对新材料和环境产业的支持。

因此，把固体废弃物应用于水中污染物的治理，达到废物利用、污染物减排的目的，符合国家、省、市的发展方向。也是新的水处理技术研发的一个方向。

3.1.2 固相催化/臭氧化法处理有机废水

3.1.2.1 固相催化/臭氧化处理废水的机理及应用

臭氧是一种强氧化剂，主要通过臭氧分子的直接氧化有机物和自由基反应，在理想条件下可使有机物完全矿化成为 CO_2 和 H_2O，符合绿色环保理念。但是单纯使用臭氧氧化法处理废水存在臭氧利用率低、氧化能力不足及臭氧含量低等缺点。因此，提高臭氧氧化效率的组合技术研究越来越多，其中固相催化臭氧催化氧化研究较多，其研究核心在于开发及制备新型催化剂，通过新型催化剂提高污水氧化能力，特别是能够提升难生物降解的有机污染物的处理效率。

固体催化剂属于非均相臭氧催化剂，是把金属氧化物物负载在载体上，金属氧化物是催化剂性能的核心，目前应用的载体主要有黏土、硅藻土、硅胶和沸石等，金属氧化物主要有 MnO_2、TiO_2、Al_2O_3、Cu-Al_2O_3、Fe_2O_3/Al_2O_3 等。催化剂中金属组分主要集中在过渡金属上，载体要具备一般催化剂载体的基本要求还有具有良好的效率、活性、稳定性、易回收、不造成二次污染等。

田凤蓉等高温焙烧钼、锰作为催化剂，臭氧氧化石化废水性水中 COD 去除率最高达到 84.10%。

龙丽萍等以浸渍法制备了 Al_2O_3 负载的镍、钴、锰、铁和铜五种过渡金属氧化物做催化剂，臭氧氧化甲苯的效率从 15.2%提高到 46.7%。

吴鹏飞等制备了分子印迹 TiO_2（MIP-TiO_2）光催化降解水杨酸的效率是 TiO_2 的 1.7 倍。

徐金玲用含锰氧化物作为催化剂，利用臭氧氧化法处理苯甲酸及印染废水，发现 COD 的去除率明显提高，脱色效率也得到提高。

温淑涵等以 MnO_2-陶粒作为臭氧氧化催化剂，处理草酸模拟废水，最佳条件下草酸的去除率为 66.99%，且催化剂活性好，可以重复利用。

汪星志等分别以含锰氧化物的陶粒和普通陶粒为催化剂/臭氧化苯甲酸，发现 O_3/含锰氧化物体系可更高效的降解废水，并减少了臭氧的投加量和处理成本。

综上可知，固相催化剂/臭氧氧化处理有机废水的有效性和经济性。因此，研究其他行业有机废水处理时，可以考虑采用此类方法。

3.1.2.2 固相催化/臭氧化处理废水存在的主要问题

目前固相催化/臭氧化处理废水主要存在以下四个问题。

第一，目前常见固体催化剂的制作方法是在载体表面附着一种或几种过渡的金属氧化物，整个制作工艺复杂，难以实现大规模的工业化生产。

第二，制成的催化剂活性成分大多是附着于载体表面，在水处理过程中，极易流失，催化剂活性组分会逐渐减少，最后失去催化活性。

第三，在所有的研究中，臭氧的产生基本都是用精密仪器利用纯氧反应产生，成本较高。

第四，在所有的研究中，几乎没有催化剂重复利用的详细实验数据和催化剂回收的方法。

3.1.2.3 固相催化/臭氧化处理废水今后的研究发展方向

在采用臭氧氧化技术的过程中，臭氧的氧化能力和臭氧投加量是处理效果好坏的关键。对臭氧氧化过程进行催化，提高臭氧的氧化利用率，强化臭氧的氧化能力，从而降低废水深度处理成本，是目前臭氧应用的研究热点。

因此，在今后的研究中，主要侧重催化剂的批量制备、提高催化剂的重复利用率和有适宜的回收方法，选择臭氧产生的方法在实际水处理应用中容易推广。

3.1.3 水杨酸有机废水与赤泥

水杨酸（SA）是一种重要的工业原料。在医药工业用于制造阿司匹林、SA钠等；在橡胶工业用于制造防焦剂、发泡剂等；在染料工业用于制造直接棕3GN、酸性铬黄等。此外，SA还在化妆品、香料等领域有着不可或缺的地位。SA的大量生产及应用，造成水体环境中SA类物质含量上升，且SA类物质很难降解，对环境及人体健康构成潜在威胁。目前处理SA废水有树脂—生物法、厌氧—曝气生物滤池、磁纳米Fe_3O_4-Fenton、分子印迹TiO_2光催化等技术。针对含SA废水必须选择合适的处理方法，才能解决环境与发展的问题。

赤泥是我国工业生产中提取Al_2O_3时排出的固体废物，年产量比较大，其多途径综合利用是固废处理与处置的重要课题之一。赤泥中含有SiO_2和Al_2O_3成分，可以作为催化剂的载体，用来制备陶粒，达到资源化的目的。赤泥中含有少量的过渡金属（Fe、Ti、Pt），特别是Fe处于第一过渡系，有可变价态，半径较小，具有活性，可以作为催化剂。但Fe含量比较少，因此可增加廉价的含Mn化合物作为催化剂的主要成分。陶粒具有结构稳定、对金属吸附性能强、原料易取（可采用废弃污染物）等优点，并且近年来在环境污染治理方面显出诸多优势而备受关注。

3.1.4 研究内容与思路

综上所述，本研究拟采用四阶段研究法。

第一阶段，根据文献资料，按照以废治的理念，用赤泥作为原料，进行陶粒的制备和改性。

第二阶段，研究赤泥基陶粒作为催化剂，进行陶粒/臭氧氧化水杨酸（微溶于水）废水研究。

第三阶段，把第一阶段的成果推广到磺基水杨酸（水溶性有机物）废水的处理。

第四阶段，把陶粒的催化性能应用到土壤重金属镉的处理。

3.1.4.1 陶粒和改性陶粒的制备

以赤泥做载体，进行具有催化性能的陶粒的制备。具体步骤如下：

（1）以赤泥作为载体，用具有催化活性的金属盐配成定量的金属盐溶液，喷入赤泥中。当泥粒粒径增加到一定尺寸后，在高温下烘烧制成具有催化效果的金属氧化物陶粒。金属氧化物均匀分布在陶粒中，与载体结合紧密，不易流失，且制作过程中，基本上全部的金属盐均可以转移至催化剂中，金属盐用量省，一次性烧结完成，且活性成分含量易于确定。

（2）采用现代仪器分析的方法对陶粒性能进行表征。

3.1.4.2 水杨酸废水的降解实验

利用制备臭氧催化剂陶粒及改性高丽进行降解 SA 的实验，考察降解影响因素及降解效果。

3.1.4.3 水杨酸废水的降解实验

利用制备臭氧催化剂陶粒及改性高丽进行降解磺基水杨酸的降解实验，考察降解影响因素及降解效果。

3.1.4.4 陶粒对土壤重金属的原位修复实验

把陶粒直接埋进土壤，经过一段时间后，考察陶粒对土壤重金属的去除效果。用背景值土壤和模拟镉污染土壤作为为研究对象。在实验中控制土壤中镉质量浓度（mg/L）、土壤 pH 值、吸附时间（d）等条件，根据土壤中重金属镉的去除率从而确定赤泥陶粒的吸附性能，为土壤修复去除镉离子提供新技术。

3.2 实验部分

3.2.1 主要试剂

实验过程中所需要的实验试剂有：

（1）赤泥（郑州上街铝厂）；

（2）高锰酸钾、二氧化锰、水杨酸、磺基水杨酸、硝酸镉、重铬酸钾、硫酸亚铁铵、氢氧化钠等（均为分析纯）；

（3）硝酸、盐酸、氢氟酸、高氯酸等。

3.2.2 主要仪器

实验过程中所需要的实验仪器有：

（1）圆盘造粒机（江苏勐翔机械设备有限公司摆线针轮减速机 BWDO-35-0.75）；

（2）双光束紫外可见分光光度计（北京普析 T9CS）；

（3）便携式 pH 计（意大利哈纳 HI991003）；

（4）热场发射扫描电子显微镜（SEM 分析，日本电子 JSM-7001F）；

（5）X 射线衍射仪（EDS 分析，日本理学 SmartLab）；

（6）XRD 分析仪器；

（7）标准 COD 消解器（泰州市华晨仪器有限公司 HCA-102 标）；

（8）臭氧发生器 20g/h（臭氧通入百分比 0～100%）；

（9）原子吸收分光光度计（北京普析 TAS-986）；

（10）分子荧光光度计；

（11）电热板、粉碎机、pH 计、电子天平、水雾喷壶、标准分样套筛。

3.2.3 陶粒及改性陶粒的制备

3.2.3.1 陶粒制备

将风干的赤泥研磨后烘干，烘干后的赤泥通过 0.42mm 的筛子，取筛下物，用圆盘陶粒机喷水造粒，自然晾干后，在马弗炉中按照设定程序从 105℃ 升高至 1100℃，焙烧 15min，然后自然降温，制得粒径、表面凸凹不同的陶粒。

3.2.3.2 改性陶粒制备

将已烧制过的陶粒，浸泡在饱和的高锰酸钾溶液中，陶粒与高锰酸钾溶液按照体积比为 1∶20，浸泡 24h，单个分开自然晾干，然后在马弗炉中，在温度 600℃ 的条件下焙烧 1h，冷却后制得改性陶粒。

3.2.4 水杨酸降解实验方法与装置

用蒸馏水配制一定浓度的模拟 SA 废水。实验过程中，如需调节溶液为碱性，利用加氢氧化钠溶液的方法调节。

所有实验都在常温下进行。实验装置如图 3-1 所示。采用自制有机玻璃制作反应器，加入一定浓度的SA溶液300mL，臭氧曝气头由底部进气，曝气头上面覆盖一定质量的陶粒/改性陶粒，开启臭氧发生器，反应一定时间，从取样口取一定体积的水样，用重铬酸盐法（HJ 828—2017）测定水样的CODcr，同时测定溶液pH值。设定不同初始实验条件，用上述陶粒/改性陶粒协同臭氧催化降解SA，采用单一变量的研究方法研究了臭氧通入速率、pH值、陶粒质量的质量、陶粒的粒径、改性陶粒等对SA废水CODcr的去除率的影响和可能的反应机理，确定最优实验条件。

3.2.5 磺基水杨酸降解实验方法与装置

用蒸馏水配制模拟磺基水杨酸废水、水杨酸废水。实验过程同3.2.4，装置如图3-1所示。

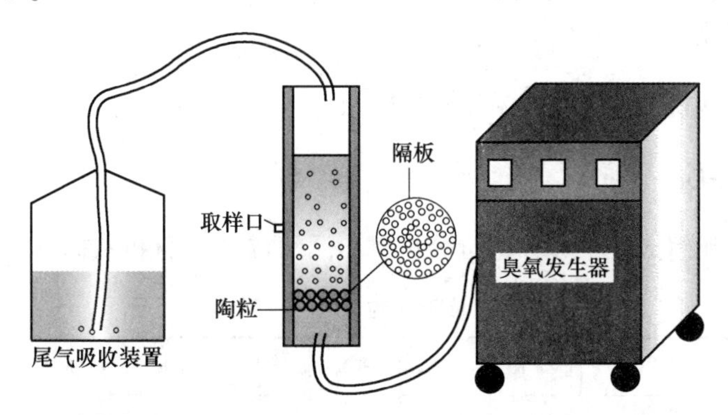

图3-1 催化剂/臭氧降解SA废水实验装置示意图

3.2.6 土壤中Cd^{2+}原位修复实验研究

取郑州航院的土壤，先测土壤中镉的背景值。然后通过加入硝酸镉溶液，通过淋洗作用增大土壤镉的含量，制成镉污染土壤。每份实验土壤质量为200g，通过土壤初始镉污染浓度、土壤初始pH值、然后加入陶粒后，模拟对土壤镉污染的修复；原位修复一定时间（d），通过测定土壤中镉含量，计算修复效果。

将准确称取的200.0g土壤原样与十颗大小相同的赤泥陶粒混合置于450mL塑料盒中得到一份土壤陶粒混合样，共准备15份（塑料盒规格：上部直径12.0cm，底部直径8.5cm，高度6.7cm）。确定配制的镉污染土壤中镉的质量浓度为5.0mg/kg、20.0mg/kg、50.0mg/kg、100.0mg/kg、150.0mg/kg，分别称取硝酸镉2.744mg、10.978mg、27.444mg、54.888mg、82.332mg溶于适当体积（土壤需维持湿润，此处取70mL）的去离子水中，调节溶液pH=3后将其倒入土壤陶粒混合样中，并搅拌均匀使赤泥陶粒与湿润土壤充分接触，得到5份编号分别为（1）~（5）的土壤样品；溶液pH值=5与pH值=7的土壤样品配置过程同上，编号为（6）~（15），共配置15个土壤样品。

在相同质量的土壤原样中放置大小数量相同的自制赤泥陶粒，将配制的不同pH值、镉浓度溶液加入土壤陶粒混合样中模拟镉污染土壤进行修复。在赤泥陶粒吸附的第10天、15天、20天、25天分别进行取样、干燥、研磨、消解，然后采用原子吸收分光光度计进行定量分析，通过前后原子吸收测定数据计算修复效果。

3.2.7 水质指标的测定方法

用重铬酸盐法（HJ 828—2017）测定水样的CODcr，用玻璃电极法测定溶液pH值，用《土壤质量 铅、镉的测定 石墨炉原子吸收分光光度法》（GB-T 17141—1997）测定镉，用紫外分光光度法测定磺基水杨酸含量，用分子荧光法测定有机物分子降解情况。

3.3 赤泥、陶粒及改性陶粒性能表征

3.3.1 赤泥EDS分析

EDS对赤泥组成元素成分进行分析。赤泥陶粒EDS分析数据见表3-1。

表3-1 赤泥陶粒EDS分析数据

元 素	O K	Na K	Al K	Si K	S K	K K	Ca K	Ti K	Fe K
含量（质量分数）/%	50.10	9.35	14.83	13.46	0.72	3.12	2.73	0.39	1.51
含量（原子分数）/%	65.35	8.48	11.47	10.00	0.47	1.67	1.42	0.17	0.56

赤泥的主要元素为氧、铝、硅、钠，适合制备陶粒，赤泥中含有少量的过渡金属（Fe、Ti），可以作为催化剂。其中Fe处于第一过渡系，有可变价态，半径较小，具有活性，可以作为催化剂；但在水中，铁离子有颜色，因此不适合引进铁元素作为催化剂。TiO_2主要是作为光催化剂，在水处理应用较少。童少平等研究了金红石TiO_2可催化臭氧化磺基SA。朱琳的研究表明锰基氧化物对有机物的降解有比较好的催化性能，有广泛的应用，含金红石Mn的化合物在市场上非常经济、易得，因此选择高锰酸钾作为Mn来源。

3.3.2 赤泥XRD分析

XRD分析主要是通过分析获得材料的成分、材料内部原子或分子的结构或形态等信息的研究手段。用于确定晶体结构。如图3-2所示，赤泥组成主要含有羟基方钠石、石英、水钙铝榴石、方解石和赤铁矿等。这也进一步说明赤泥适合制作陶粒。

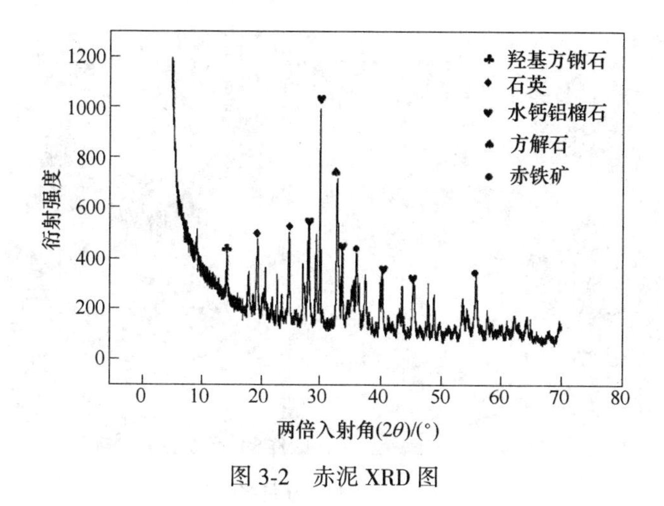

图 3-2　赤泥 XRD 图

3.3.3　赤泥与陶粒 SEM 分析

如图 3-3 和图 3-4 所示，赤泥为松散的片状聚集体，当经高温制备成陶粒后，陶粒内部具有多孔结构，表面整齐，质地紧密。陶粒的这种表面结构，决定了其抗压性和抗冲击性好、能提供更多的反应界面的优点，适合作为臭氧处理有机废水的催化剂。

图 3-3　赤泥 SEM 图

3.3.4　陶粒密度测试

由于仪器条件局限，只对陶粒密度进行粗略测定。把陶粒放进水中，通过溶液体积和质量变化测定陶粒的密度。经实验赤泥基陶粒的密度为 2.30g/cm^3，大

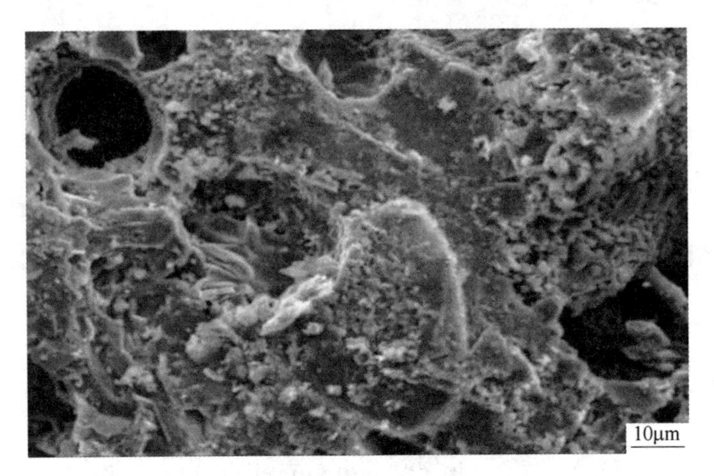

图 3-4　陶粒 SEM 图

于水的密度，可以沉降在底部，因此可以在水处理过程中耐冲击。

3.4　水杨酸降解实验结果与分析

通过单因素实验，找出最佳实验条件，使水杨酸的降解效果最好。

3.4.1　溶液初始 pH 值的影响

pH 值是影响臭氧催化反应的重要影响因素。保持通入臭氧百分比为 30%，陶粒的质量为 105.0g，调节初始 pH 值为 6.2、7.4、8.2、9.2、10.2 和 12.2。实验结果如图 3-5 所示。

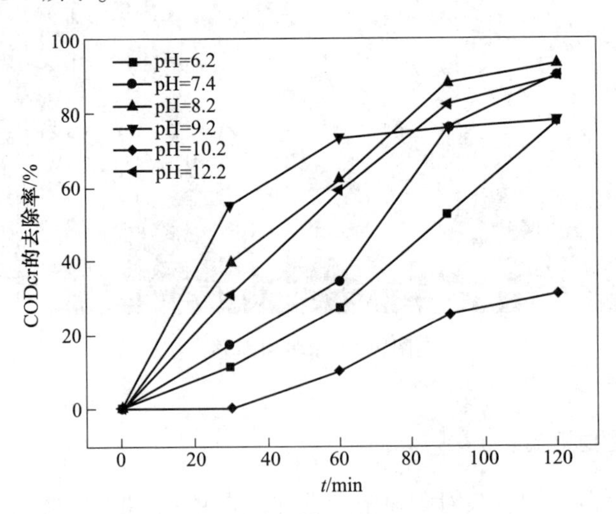

图 3-5　溶液初始 pH 值不同的 COD 去除率

随着反应时间的延长，在研究溶液 pH 值范围下，COD 的去除率均不断增长；其中，初始 pH 值=8.2 时，反应反应时间为 120min 时，COD 去除率为高达 93.0%，都高于其他的初始 pH 值（酸性和强碱性）的去除率。

COD 的去除率最高适宜初始 pH 值=8.2。根据李越关于非均相氧催化氧化机理推断，主要原因是在此条件下，溶液产生了更多的自由基、水杨酸在陶粒表面的浓度增大所引起的水杨酸降解速度加快、矿化率提高。自由基增多的原因一方面是由于反应初始溶液中有适量的 OH^-，可促进臭氧产生更多的氧化能力很强的·OH;另一方面由于臭氧碰撞陶粒，也会产生更多的自由基，从而间接·OH 的量增多。固体陶粒由于有一定表面积，且凹凸不平，具有吸附性，陶粒中的微量元素的氧化物成为活性中心，从而使水杨酸富集于陶粒表面，局部增大了水杨酸浓度，从而提高了反应速度。

在反应初期，随着反应时间的增加，COD 的去除率上升得很快。反应 90min 后，发现所有的溶液 pH 值都低于 5，是强酸性，此时降解反应可能主要是臭氧分子与水杨酸直接反应，所以反应时间增加，COD 的去除率增加的较慢。

此外，SA 溶液本身呈酸性，若提高其初始 pH 值需要增加碱的投加量。为了减少碱的用量并使反应的 COD 较易满足 V 类限值，对比初始 pH 值=7.2、8.2 和 12.2 的处理效果，后续实验可选择溶液的初始 pH 值=8.2。

同时也发现，随着反应时间的增加，反应后所有的溶液 pH 值均降低，其原因可能是反应过程中 SA 分子分解生成小分子有机酸造成的。

SA 溶液初始 pH 值对陶粒协同臭氧动力学的影响较为复杂。其原因可能与 SA 分子含有一个羟基和一个羧基有关，在偏碱性条件下，SA 分子以离子形态为主，更易与陶粒协同臭氧分子和羟基自由基发生催化降解反应，且产生的小分子有机和无机酸与碱反应更有利于 SA 分子催化降解反应过程。然而在强碱性条件下，臭氧分子溶解度下降，导致溶液中参加反应臭氧分子减少，导致陶粒协同臭氧催化降解效率降低。

3.4.2 臭氧通入速率的影响

100mg/L 的水杨酸溶液，初始 pH 值=12.2，固定加入陶粒粒径 0.6~0.7cm，陶粒质量为 105.0g。调节通入臭氧含量（体积分数为 10%~50%），结果如图 3-6 所示。

如图 3-6 所示，随着通入时间增加，溶液的 COD 的去除率不断升高。随着反应的进行，溶液中臭氧补充的浓度越快就越有利于 SA 的降解。同时也发现在相同的反应时间，通入臭氧百分过低或过高时，处理效果不好，原因可能是通入速率低，反应体系中臭氧浓度低，不利于反应；通入速率太高时，可能臭氧流速高会导致冲击加快臭氧从溶液逸出，从而降低了催化反应速率。因此，通入臭氧含

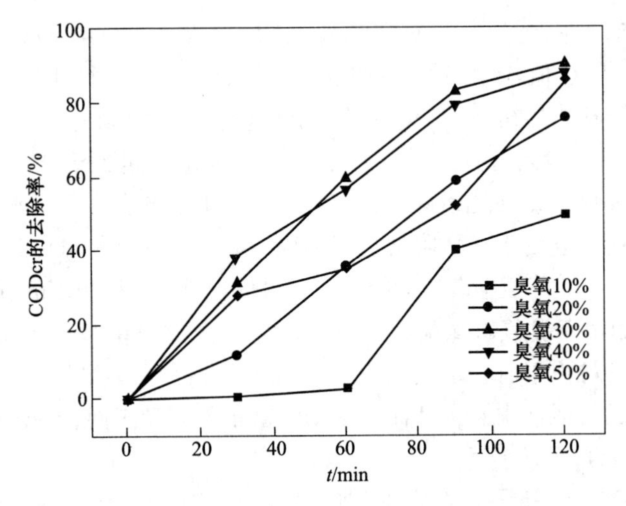

图 3-6　臭氧通入速率不同的 COD 去除率

量不同和溶液的流速均会影响反应效果。其中，臭氧 30%时，反应 30min，COD 的去除率为 31. 0%，仅次于臭氧 40%的 38. 0%；其他反应时间的去除率都高于其他的通入臭氧百分比；反应 120min，COD 的去除率达到 89. 8%。因此通入臭氧百分比并不是越高越好，而是有一个适宜的速率为臭氧 30%。本实验研究结果与文献结论类似，在以后的实验中，从经济和效率上可选择通入臭氧百分比为 30%。

3. 4. 3　陶粒质量的影响

保持通入臭氧百分比为 30%、溶液初始 pH 值 = 8. 2，加入的陶粒的质量分别为 85. 0g、105. 0g 和 131. 0g，实验结果如图 3-7 所示。

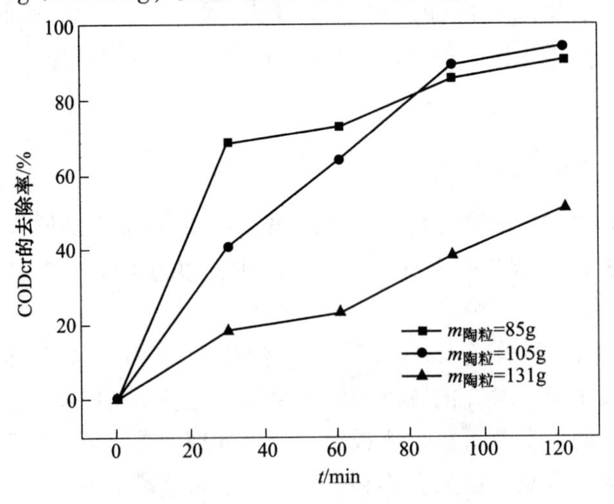

图 3-7　陶粒质量不同的 COD 去除率

从图 3-7 可以看出，加入不同质量的陶粒，随着反应时间的增加，COD 的去除率都呈不断增加趋势。催化反应为 30min、60min 时，COD 的去除率随陶粒的质量增大而减小，最高去除率为 72%；当反应时间延长为 90min、120min，陶粒的加入量为 105g 时，COD 去除率最高；反应 120min，105g 陶粒的去除率最高（93%），溶液的 COD 为 26mg/L。这可能有臭氧参加的反应，陶粒除了有利于加快反应速度外，但陶粒的存在会影响臭氧自身的分解速度，降低臭氧在陶粒表面及溶液中的浓度，不利于 SA 降解，综合考虑，提高 SA 被降解的效果，并不是陶粒的质量越大越好，而是有一个最佳的质量。因此在后续实验可选择最佳陶粒质量为 105g。

3.4.4 陶粒粒径的影响

陶粒粒径大小也会影响催化效率。保持通入臭氧含量（体积分数）30%，溶液初始 pH 值 = 8.2，陶粒粒径为 $D_{陶粒}$ = 0.6 ~ 0.7cm（即 $D_{小}$），$D_{陶粒}$ = 0.9 ~ 1.0cm（即 $D_{大}$）、粒径为 0.6 ~ 0.7cm 和 0.9 ~ 1.0cm 质量比为 1 ∶ 1（$D_{小}$ ∶ $D_{大}$ = 1 ∶ 1），加入的陶粒的质量为 105g，实验结果如图 3-8 所示。

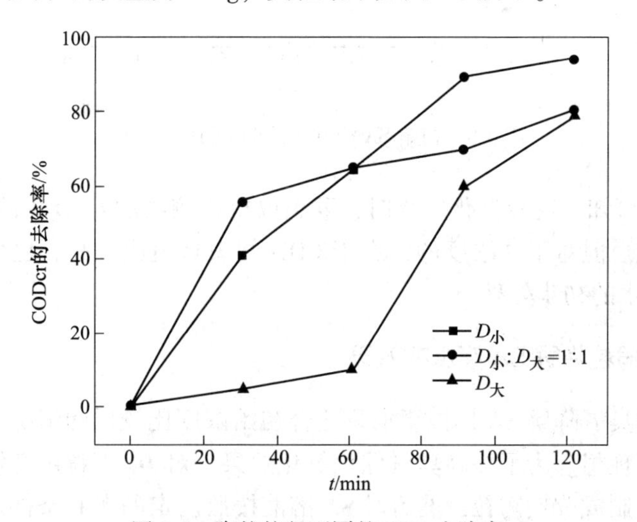

图 3-8 陶粒粒径不同的 COD 去除率

实验结果表明，相同实验条件下，陶粒的粒径越小（陶粒的颗粒数越少）COD 的去除率越高。这可能是在反应过程中，相同质量的陶粒，粒径越小，提供的吸附表面积越大，会增大臭氧和 SA 在颗粒表面的反应界面，从而加快反应速度，提高反应效果。因此，在以后的实验中，选用陶粒为粒径为 $D_{小}$。

3.4.5 初始 SA 浓度的影响

保持通入臭氧百分比 30%、溶液初始 pH 值 = 8.2，陶粒粒径为 $D_{小}$、陶粒质量为 105g，SA 溶液的初始浓度不同，进行 SA 降解实验，实验结果如图 3-9 所示。不同初始浓度的 SA 溶液，采用陶粒/臭氧催化氧化，随着反应时间的增加，COD 的去除率逐渐增大；反应时间为 30min、60min、120min 时，随着初始浓度的增大，COD 的去除率减小；只有初始浓度为 100mg/L 的 SA 溶液的 COD 去除率高于 89%，其他的都低于 76%。

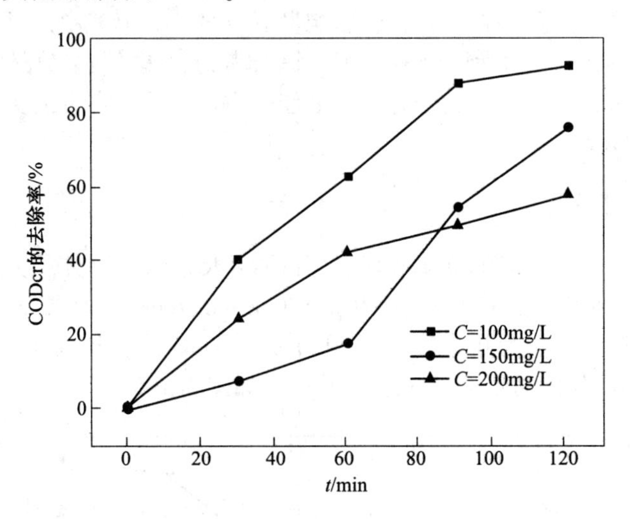

图 3-9　初始 SA 浓度不同的 COD 去除率

由图 3-9 可知，陶粒催化氧化时，要想取得比较高的 COD 去除率，SA 废水初始应该较低。但对于高浓度的，由于 COD 的去除值比较高，也可以把次方法应用到 SA 废水的初步处理。

3.4.6　改性陶粒降解 SA 废水的效果

陶粒协同臭氧降解 SA 模拟废水只适合初始浓度比较低的情况，初始浓度高的降解效果不理想。为了提高臭氧催化氧化效果，对 $D_{小}$ 陶粒用高锰酸钾溶液浸泡，并烧制，制成改性陶粒，然后对 SA 溶液按照已定的实验条件进行臭氧催化氧化，并进行了三个比较实验。实验条件见表 3-2，实验结果如图 3-10 所示。

表 3-2　SA 废水降解不同实验条件的设计

实验名称	实验条件		
	通入臭氧体积分数/%	溶液初始 pH 值	固体催化剂
a：臭氧	30	8.2	无
b：臭氧+陶粒	30	8.2	陶粒
c：臭氧+改性陶粒	30	8.2	改性陶粒

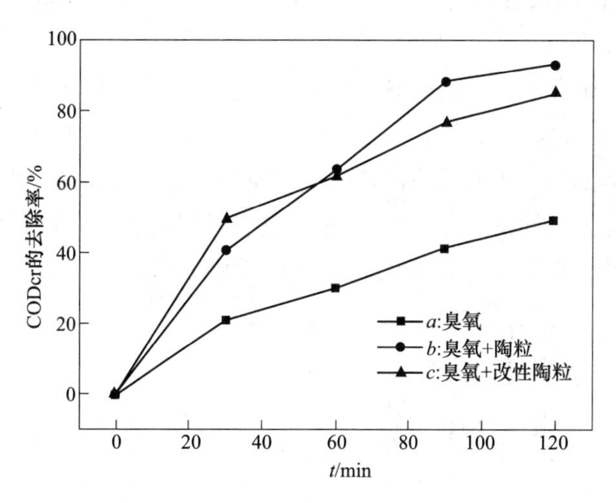

图 3-10 不同臭氧化条件的 SA 废水的 COD 去除率

其他条件相同的情况下，由图 3-10 可知，*b* 和 *c* 的 COD 去除率均高于 *a*，说明赤泥基陶粒明显起到催化作用；当反应时间达到 30min，*c* 的 COD 去除率为 49.7%，明显高于 *a* 的 20.1% 和 *b* 的 40.5%，且接近 *a* 反应 120min 的效果 49.6%；只有 *b* 在反应 120min 时 COD 达到 V 类限值要求。随着降解时间的增加，溶液的 pH 值呈下降趋势；在有催化剂参与反应 60min，溶液的 pH 值都小于 5，呈明显的酸性反应 90min 后，COD 的去除率增加幅度变小。

臭氧氧化有机物基于直接氧化和自由基（·OH）反应，但某些副反应中间产物会阻止臭氧的进一步氧化，影响了有机物被降解的效率。陶粒和改性陶粒作为催化剂，均能起到加快臭氧分解自由基反应速度的效果，只是加快的程度有所不同的原因可能是催化剂的成分不一样；改性陶粒作为催化剂，在反应 30min 的效果优于陶粒，说明改性陶粒的活性中心可能较多；随着反应时间的增加，陶粒作为催化剂明显优于改性陶粒。

3.4.7 降解过程分析

由于臭氧氧化有机物的机理目前主要有两种：一种是臭氧分子直接氧化有机物；另一种是自由基（·OH）反应。而大部分研究认为溶液呈酸性时，反应机理为直接的臭氧氧化，而溶液呈碱性时，反应机理为自由基氧化。

在最优实验条件下，反应不同的时间进行了紫外光谱扫描，结果如图 3-11 所示。从紫外光谱吸收峰形上看，随着反应时间的增加，有机化合物在反应 225nm 左右和 300nm 强吸逐渐降低，30min 时，这两大吸收峰均无吸收，同时也发现，反应后溶液的 pH 值降低，说明 SA 分子经过一系列中间产物在陶粒协同臭氧催化降解成小分子酸、二氧化碳和水，矿化程度很高。其原因是臭氧分子遇到陶粒，在陶粒催化下，快速分解为羟基自由基，导致溶液中陶粒附近羟基自由基浓度高，SA 在陶粒表面降解速度加快、矿化率提高。自由基增多的原因一方面是由于反应初始溶液中有适量的 OH^-，可促进臭氧产生更多的氧化能力很强的 · OH；另一方面由于陶粒表面凹凸不平、具有吸附性、有多种氧化物活性中心，当臭氧碰撞陶粒，在活性中心催化下产生更多的 · OH。

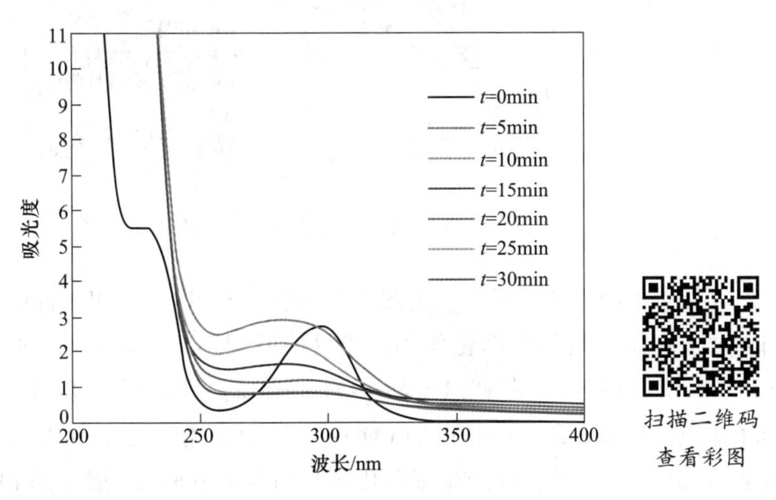

图 3-11　不同时间的在外光谱扫描

三维荧光光谱被广泛用于定性或定量描述有机物的物理化学特性能够获得激发波长和发射波长同时变化时的荧光强度信息，并且可对多组分复杂体系中荧光光谱重叠的对象进行光谱识别。臭氧降解时间不同，对溶液进行分子荧光扫描，如图 3-12 所示。

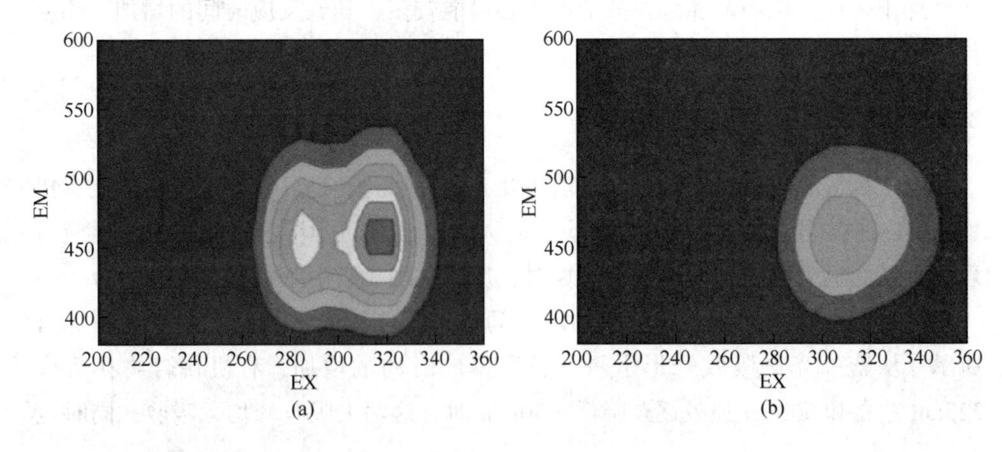

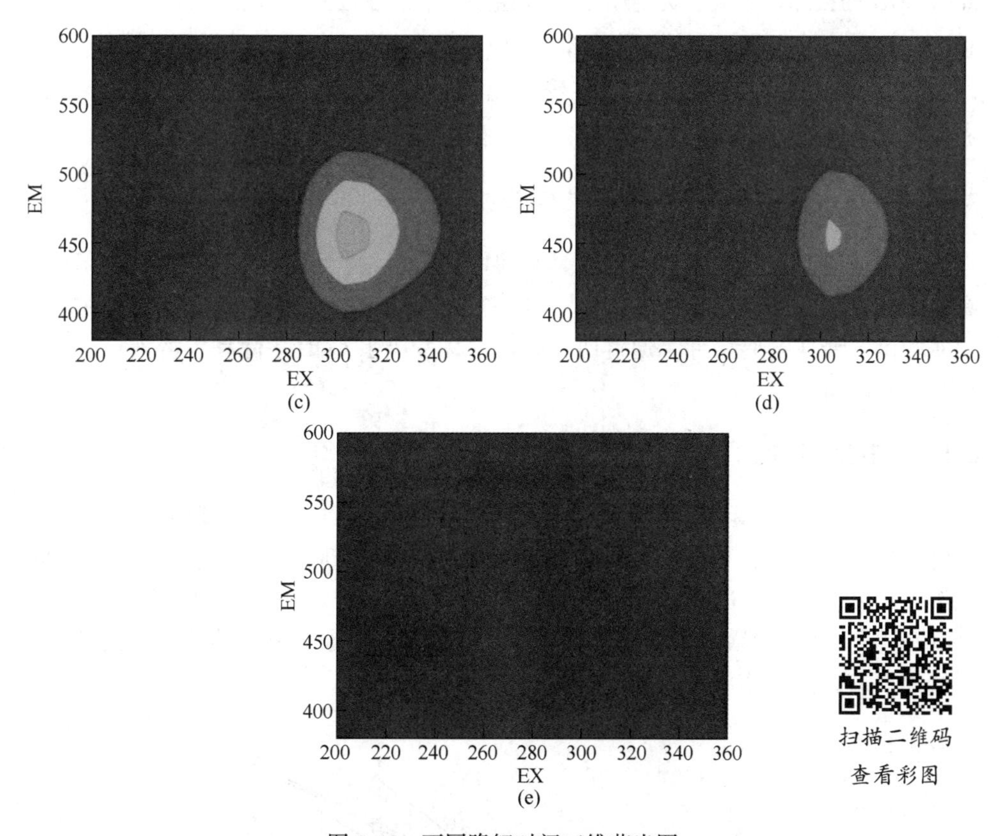

图 3-12 不同降解时间三维荧光图

（a）陶粒原液 10nm；（b）陶粒 2min，10nm；（c）陶粒 3min，10nm；
（d）陶粒 5min，10nm；（e）陶粒 7min，10nm

由图 3-12 可以看出，相比较 SA 原液荧光图谱，在陶粒催化臭氧降解 SA 1min，SA 分子荧光强度大大降低，随着时间延长，5min 时其荧光强度基本降解，7min 时已看不到 SA 分子荧光。这说明 SA 分子已经完全降解转化为其他产物，这与紫外扫描图谱结果一致。

3.4.8 小结

本节研究的主要结论如下。

（1）利用赤泥为原料，成功制备赤泥基陶粒并对 SA 溶液进行催化臭氧降解。结果证明，在赤泥基陶粒协助下，有效提高臭氧降解 SA 和反应时间。

（2）单一变量法的实验结果表明 pH 值 = 8.2，通入臭氧百分比为 30%，陶粒粒径为 0.6~0.7cm，陶粒质量为 105g，反应时间为 120min 为最优实验条件，此时 COD 的去除率最高，为 93%。用高锰酸钾溶液改性陶粒做催化剂，反应 30min 时，COD 的去除率高于陶粒；陶粒催化时 COD 的去除率最高，反应时间较长。

（3）利用紫外吸收光谱和三维荧光光谱分析降解过程，相比单独臭氧降解，赤泥基陶粒明显起到促进臭氧分解成羟基自由基从而降解 SA。

3.5 磺基水杨酸降解实验结果与分析

水杨酸微溶于水，磺基水杨酸是水溶性的有机物，两者都是带有一个苯环的有机化合物，都属于水杨酸类物质。本节根据水杨酸的降解实验结果，采用单因素实验确定最佳实验条件，通过研究磺基水杨酸废水 COD 去除率、溶液 pH 值变化，考察降解效果。

3.5.1 初始 pH 值不同

由于 500mg/L 磺基水杨酸的为酸性溶液，其 pH 值 = 2.50。为了研究 pH 值对降解反应的影响，可加入氢氧化钠溶液调节溶液的初始 pH 值。实验某一时间点溶液的 pH 值记为 pH_t，COD 的去除率以 η 表示。设定磺基水杨酸溶液的初始 pH 值不同，加入的磺基水杨酸浓度为 500mg/L，然后通入臭氧体积分数为 20%。不同的反应时间，实验结果如图 3-13 和图 3-14 所示。

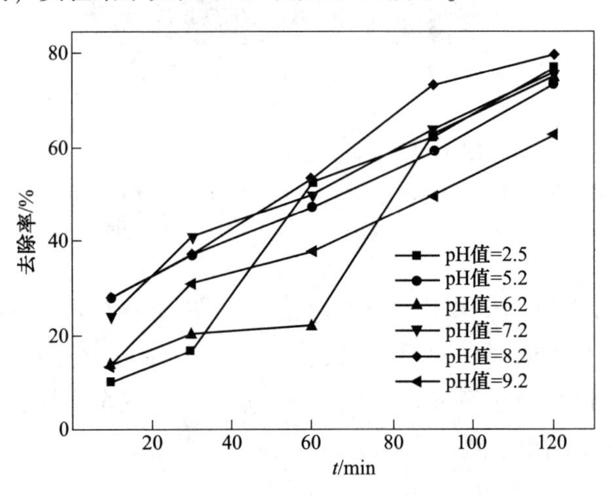

图 3-13 初始 pH 不同的 COD 去除率

可以看出，随反应时间增加，η 都呈不断增加趋势，这说明臭氧的降解作用一直再进行；pH_t 呈不断下降趋势，且反应 10min，pH_t 都小于 3，最小值为 pH_t = 1.22，说明前 10min 磺基水杨酸大部分都被降解为小分子的酸；初始 pH 值 = 8.2 时，反应任何时间后，pH_t 总是高于其他；反应 10min、60min、90min 和 120min，溶液初始 pH 值 = 8.2 的 η 分别为 53.19%、73.37%和 79.82%（溶液的

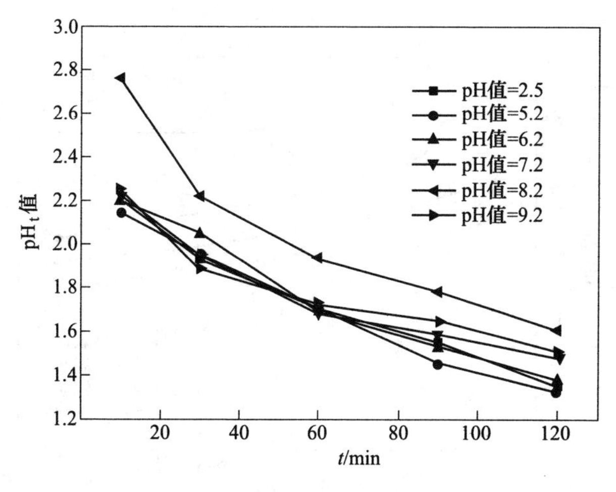

图 3-14　初始 pH 值不同的 pH$_t$

COD 分别为 213.9、121.7 和 92.2）都高于其他。因此从提高 η 入手，在后续实验中，可以设置溶液初始 pH 值=8.2。

3.5.2　通入臭氧速率不同

保持溶液初始 pH 值=8.2，磺基水杨酸浓度为 500mg/L，通入臭氧百分比不同，实验结果如图 3-15 和图 3-16 所示。相同反应时间，臭氧通入速率 20%的 η 分别为 28.2%、37.1%、53.2%、73.4%和 79.8%，都高于其他；随着反应进行溶液的 pH$_t$ 不断下降，臭氧的通入速率越高，降解相同时间时，溶液的 pH$_t$ 越低，但溶液 120min 都为强酸性，最低 pH$_t$=1.22。因此要想降解磺基水杨酸同时达到降低 COD，从处理效果和经济上考虑，通入臭氧含量（体积分数）为 20%为宜。

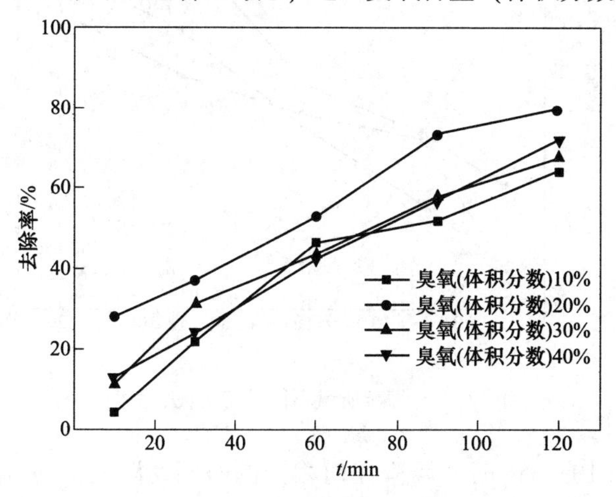

图 3-15　臭氧通入速率不同的 COD 去除率

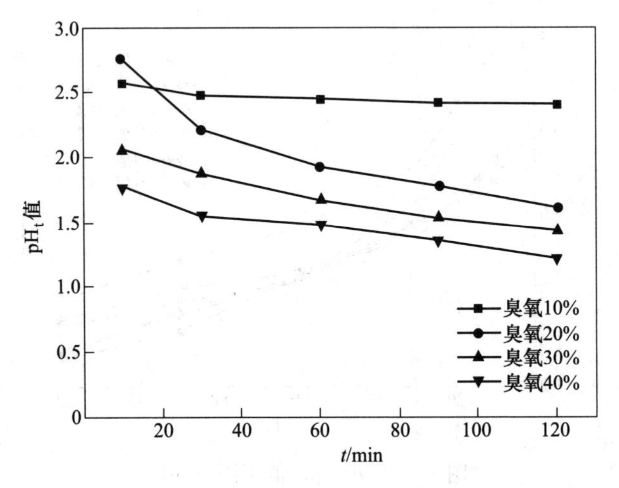

图 3-16 臭氧通入速率不同的 pH_t 值

3.5.3 陶粒质量不同

赤泥制备的陶粒的密度为 2.30g/cm^3。称取粒径为 0.6~0.7cm（即 $D_{小}$）陶粒作催化剂，陶粒的质量分别为 80.51g、105.65g 和 120.55g。溶液的初始 pH 值=8.2，通入臭氧百分比为 20%，磺基水杨酸浓度为 500mg/L。实验结果如图 3-17 和图 3-18 所示。

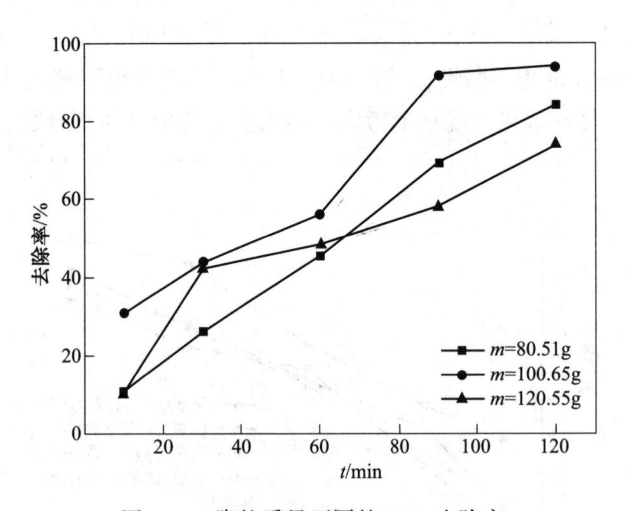

图 3-17 陶粒质量不同的 COD 去除率

陶粒质量为 105.65g 时，反应任何相同的时间。溶液的 η 都高于的其他情况，最高值可达 93.98%，此时 COD 约为 27mg/L。

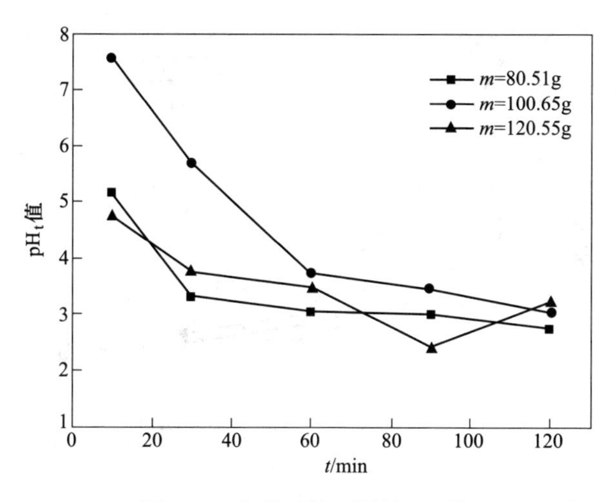

图 3-18 陶粒质量不同的 pH_t 值

后续实验可固定陶粒的加入量为 105.65g。溶液的 pH_t 变化不太规律，其中陶粒质量最大的在 120min 时，溶液的 pH_t 较高，为 $pH_t=3.22$。

3.5.4 陶粒粒径不同

针对 3.5.3 的实验结果，其他条件不变，只改变陶粒的粒径。

保持通入臭氧含量（体积分数）为 20%、溶液初始 pH 值 = 8.2，陶粒粒径为 $D_{陶粒}=0.6\sim0.7$cm（即 $D_{小}$），$D_{陶粒}=0.9\sim1.0$cm（即 $D_{大}$），粒径为 0.6~0.7cm 和 0.9~1.0cm 质量比为 1∶1（即 $D_{混合}$），加入的陶粒的质量为 105.65g，实验结果如图 3-19 和图 3-20 所示。

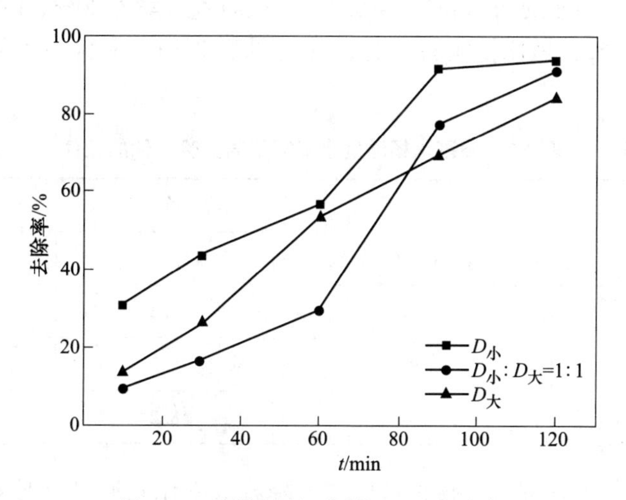

图 3-19 陶粒粒径不同的 COD 去除率

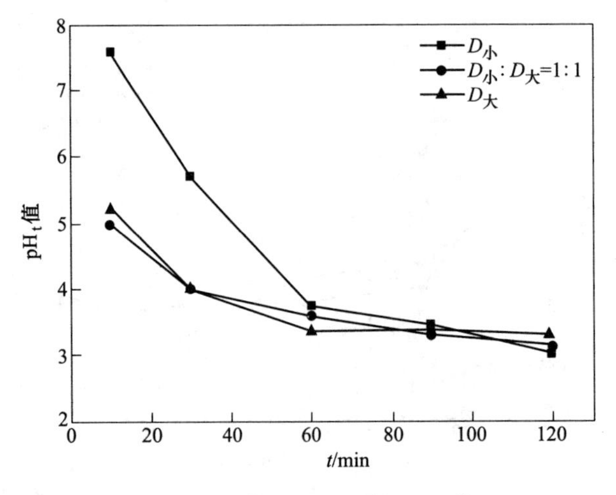

图 3-20 陶粒粒径不同的 pH_t 值

反应相同时间，$D_小$ 的 η 都高于其他两种情况，COD 去除率最高值为 93.98%；$D_小$ 的 pH_t 除 120min 的略低于其他，其他时间都高于其他两种情况。这可能是小颗粒的陶粒表面积更大，能够提供更多的反应界面。

随着反应时间的增加，溶液的 pH_t 呈下降趋势，粒径大的陶粒，溶液的 pH_t 较高，120min 时 $pH_t=3.30$。这说明陶粒粒径大小影响溶液的 pH 值。

3.5.5 改性陶粒降解磺基水杨酸废水的效果

针对 3.5.4 的实验结果，将 $D_小$ 陶粒的 $m=100.65$g 用高锰酸钾改性焙烧后制得改性陶粒。在溶液的初始 pH 值=8.2，臭氧通入速率为 20%、改性陶粒及陶粒质量都为 100.65g，做比较实验实验设计（见表 3-3），实验结果如图 3-21 和图 3-22 所示。

表 3-3 磺基水杨酸废水降解不同实验条件的设计

实验名称	实验条件		
	通入臭氧含量（体积分数）/%	溶液初始 pH 值	固体催化剂
臭氧	30	8.2	无
臭氧+陶粒	30	8.2	陶粒
臭氧+改性陶粒	30	8.2	改性陶粒

加入陶粒做催化剂时，磺基水杨酸的降解效率比只通臭氧时 COD 的去除率高，臭氧+改性陶粒的 COD 去除率最差。这说明陶粒改性后，催化性能降低。

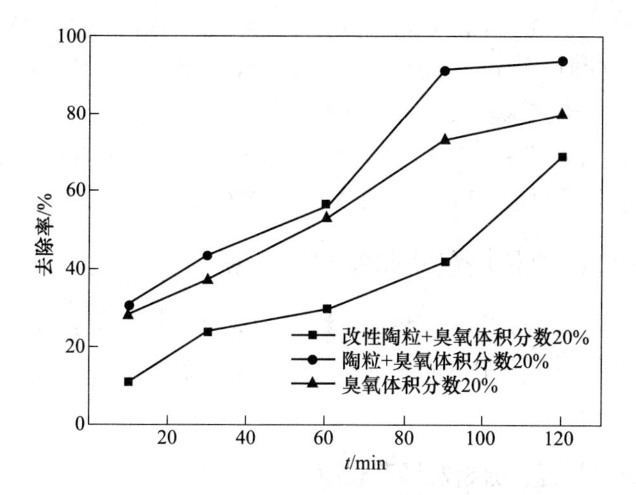

图 3-21　不同臭氧化条件的磺基水杨酸废水的 COD 去除率

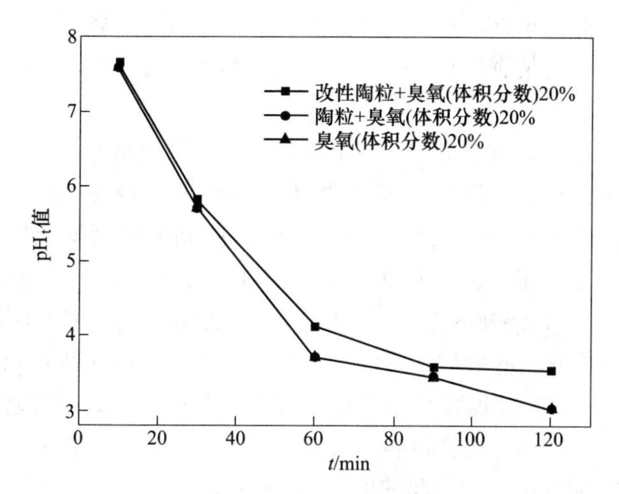

图 3-22　不同臭氧化条件的磺基水杨酸废水的 pH_t 值

臭氧+改性陶粒条件下，在磺基水杨酸降解过程中 pH_t 始终高于另外两种情况，而臭氧+陶粒和只通臭氧的 pH_t 任何时间点基本重合。

3.5.6　小结

本节研究的主要结论如下。

（1）利用赤泥为原料，成功制备赤泥基陶粒并对磺基水杨酸溶液进行催化臭氧降解。结果证明，在赤泥基陶粒协助下，有效提高臭氧降解磺基水杨酸的降解效率和反应时间。

（2）单一变量法的实验结果表明 pH 值＝8.2，通入臭氧含量（体积分数）

为 20%，陶粒粒径为 0.6～0.7cm，陶粒质量为 105.65g，反应时间为 120min 为最优实验条件，此时 COD 的去除率最高，为 93.98%。用高锰酸钾溶液改性陶粒降做催化剂没有对磺基水杨酸的降解起到作用。

（3）臭氧的通入速率、陶粒的质量、陶粒的粒径均影响磺基水杨酸的降解过程中溶液的 pH_t 但反应 120min 溶液都为强酸性溶液。

3.6　土壤中 Cd^{2+} 原位修复实验结果与分析

土壤中镉含量以烘干样品做基准，浓度为 mg/kg。土壤中镉的原位修复率以在相应的修复条件下土壤中镉的减少浓度除以初始镉的浓度，以百分比表示，直接表示为去除率。

3.6.1　土壤原样处理、分析及镉背景值

本文选择校内一块工地作为采样区，使用五点采样法采集土壤制成混合样。将采集的混合土壤经风干后去除土壤中的石子和动植物残体等异物，再将土壤经粉碎机、0.149mm 尼龙筛（100 目）、干燥箱等预处理工序后待用，此处称为土壤原样。

将准确称取的 200g 土壤原样与 10 颗大小相同的赤泥陶粒混合置于 450mL 塑料盒中得到 1 份土壤陶粒混合样，共准备 15 份（塑料盒规格：上部直径 12.0cm，底部直径 8.5cm，高度 6.7cm）。确定配制的镉污染土壤中镉的质量浓度为 5.0mg/kg、20.0mg/kg、50.0mg/kg、100.0mg/kg、150.0mg/kg，分别称取硝酸镉 2.744mg、10.978mg、27.444mg、54.888mg、82.332mg 溶于适当体积（土壤需维持湿润，此处取 70mL）的去离子水中，调节溶液 pH＝3 后将其倒入土壤陶粒混合样中，并搅拌均匀使赤泥陶粒与湿润土壤充分接触，得到 5 份编号分别为（1）～（5）的土壤样品；溶液 pH 值＝5 与 pH 值＝7 的土壤样品配置过程同上，编号为（6）～（15），共配置 15 个土壤样品。

在相同质量的土壤原样中放置大小数量相同的自制赤泥陶粒，将配制的不同 pH 值、镉浓度溶液加入土壤陶粒混合样中模拟镉污染土壤进行修复。在赤泥陶粒吸附的第 10 天、15 天、20 天、25 天分别进行取样、干燥、研磨、消解，然后采用原子吸收分光光度计进行定量分析，通过前后原子吸收测定数据计算修复效果。

由于土壤是不均匀体系，因此首先求出土壤背景值镉含量，测出其背景值为 6.014mg/kg。

3.6.1.1　土壤初始镉含量不同时的去除率

向已知镉背景值为 6.014mg/kg 的 200g 土壤中，加入 70mL 的 pH 值＝3 镉质量浓度分别为 11.014mg/kg、26.014mg/kg、56.014mg/kg、106.014mg/kg、

156.014mg/kg 的溶液，制得一定 pH 值不同镉浓度的模拟污染土壤。

同 3.4 节中，直接用赤泥制作陶粒，陶粒粒径约为 2.0cm±0.1cm。

陶粒数量固定 10 颗，在吸附后的第 20 天准确称取 1g 干燥的土壤样品进行消解，根据标准曲线测其消解液的吸光度，计算吸附后土壤中的镉质量浓度得出其去除率，分析修复效果。

由图 3-23 可看出，土壤淋洗液 pH 值=3，修复效果为 20 天取样消解测试，修复效果为 20 天取样消解测试，赤泥陶粒对镉的去除率达到 35.75%~49.41%。除了 11.014mg/kg 镉的土壤为其修复效果为 40.47%外，其他土壤中 Cd 质量浓度的增大其修复效果也随之上升，在土壤含镉为 156.014mg/kg 时的去除率最大，此时对土壤中 Cd 的修复能力最强。由此可知，在本节镉质量浓度范围内（11.014~156.014mg/kg），赤泥陶粒适用于修复土壤较高浓度的镉污染。

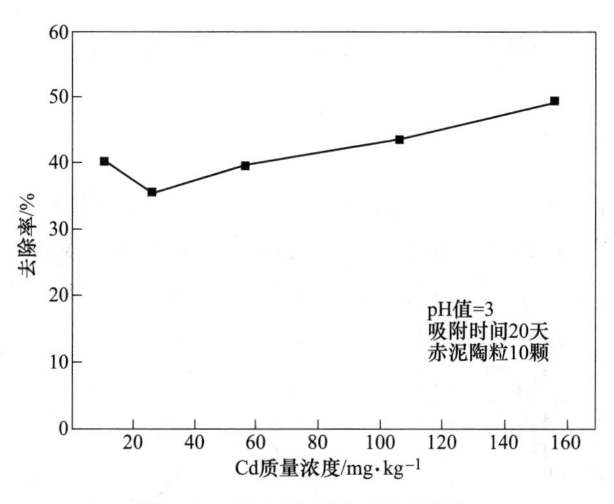

图 3-23 镉含量不同时的去除率

3.6.1.2 加入镉溶液的 pH 值不同时的去除率

考虑到在溶液中镉离子在碱性环境下会固化，本节研究加入镉溶液为酸性。保持土壤质量为 200g，控制土壤镉质量浓度为 106.014mg/kg、但镉溶液 pH 值分别 3、5、7，体积不变（仍为 70mL），然后固定陶粒数量 10 颗，修复时间 20 天时，准确土壤样品进行消解测定。实验结果如图 3-24 所示。

由图 3-24 可知，在第 20 天取样消解，赤泥陶粒在 pH 值=5 时的去除率最大，为 51.90%。因此，赤泥陶粒对土壤中镉修复最佳 pH 值≈5。土壤 pH 值<5，赤泥陶粒对土壤中镉修复能力下降，造成土壤中氧化物释放更多的重金属离子，反而土壤 pH 值为中性时，造成土壤中镉离子钝化，离子态镉离子减少造成修复效果下降。

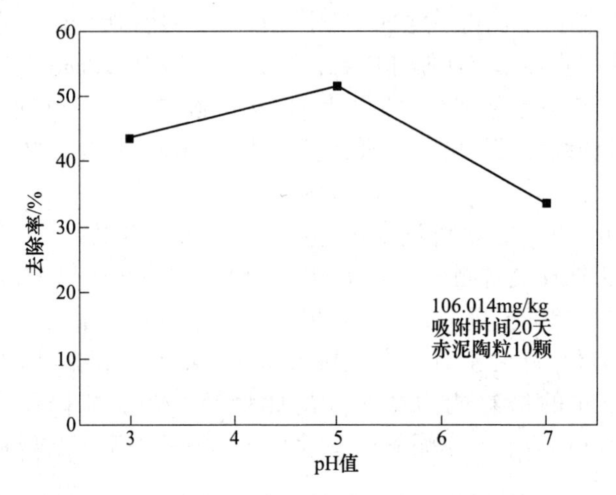

图 3-24 加入镉溶液 pH 值不同时的去除率

3.6.1.3 不同吸附时间对去除率的影响

镉溶液 pH 值=5、加入镉溶液后，土壤中镉质量浓度为 106.014mg/kg。然后加入陶粒数量固定 10 颗，配制好土壤样品后分别在陶粒吸附后的第 10 天、15 天、20 天、25 天取样，烘干土壤后进行测定。实验结果如图 3-25 所示。

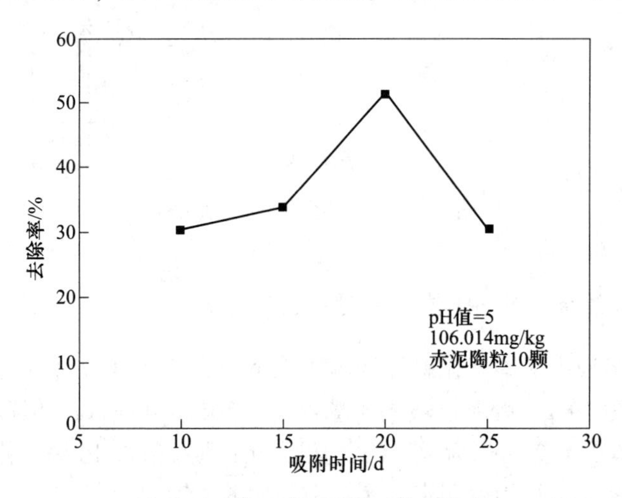

图 3-25 修复时间不同时的去除率

如图 3-25 所示，在吸附的前 20 天里，赤泥陶粒对土壤中镉的修复效果随时间的延长而相应增大，随后修复效果有所降低。在吸附的第 20 天左右，赤泥陶粒的修复效果最佳，最大可达到 51.90%。其原因与 20 天左右赤泥陶粒对土壤中镉吸附转移效果已经达到动态平衡有关，继续延长反应时间，反而有利于脱附效果，导致时间延长不利于修复。因此，赤泥陶粒对土壤中镉修复效果最佳时间为20天左右。

3.6.1.4 正交试验结果

由正交试验结果可知，各单因素对实验的影响大小是：吸附时间>镉质量浓度>土壤pH值。结合单因素分析结果与显著性检验，选取以赤泥为原料制备的陶粒去除土壤中镉时的最佳条件为：吸附时间为20天左右、镉质量浓度为56.014mg/kg、溶液pH值=5，其中土壤200g、粒径2cm陶粒数量10颗。

3.6.2 小结

本节研究的主要结论如下。

（1）土壤中镉为11.614~156.614mg/kg时，赤泥陶粒的去除率随着镉质量浓度的增大而随之上升，适用于修复较高浓度镉污染的土壤。

（2）最佳单因素条件为：吸附时间为20天左右、镉质量浓度为56.014mg/kg、溶液pH值=5，镉去除率为40.69%，其中土壤200g、粒径2cm陶粒数量10颗。

（3）各单因素对陶粒去除土壤中镉的影响大小是：吸附时间>镉质量浓度>土壤pH值。

（4）虽然赤泥陶粒对土壤重金属镉离子快速修复效果较好，但是单一技术并不能完成修复土壤重金属镉离子污染，需要联合其他技术如生物等进行协同修复。

结论

本研究赤泥为原料烧制陶粒时，马弗炉粒温度设置程序为：105℃干燥30min升到400℃预热30min，再升到1100℃煅烧15min。

本章采用了直接用空气源作为的臭氧的产生方法，仪器设备较简单，经济实用，便于推广应用。

赤泥基陶粒协同臭氧可以对水杨酸废水进行有效的降解，臭氧的通入速率、溶液初始pH值、陶粒粒径、陶粒质量、溶液初始浓度不同都影响水杨酸废水COD去除率。最佳实验条件为水杨酸的浓度为100mg/L，pH值=8.2，通入臭氧含量（体积分数）30%，陶粒粒径为0.6~0.7cm、陶粒质量为105.0g，反应时间为120min为最优实验条件，此时COD的去除率最高，为93.0%，溶液中剩余溶液的COD为26mg/L。改性陶粒和臭氧30%降解水杨酸时，反应30min时，COD的去除率高于单一的臭氧30%和臭氧30%+陶粒的，因此可应用于废水的初级处理，不适合应用于深度处理。

赤泥基陶粒协同臭氧可以对磺基水杨酸废水进行有效的降解，最佳实验条件pH 值=8. 2，通入臭氧含量（体积分数）为20%、陶粒粒径为0. 6~0. 7cm、陶粒质量为105. 65g，反应时间为120min 为最优实验条件，此时COD 的去除率最高，为93. 98%，溶液中剩余溶液的COD 为27mg/L。用改性陶粒+臭氧20%降解磺基水杨酸的效果任何反应时间都低于单一臭氧20%降解和臭氧20%。

赤泥基陶粒对模拟镉污染土壤能进行有效的修复。赤泥陶粒对镉的去除率随着土壤中镉质量浓度的增大而随之上升，因此陶粒较适用于修复较高浓度镉污染的土壤。最佳单因素条件为：吸附时间为20天左右，镉质量浓度为56. 014mg/kg，溶液pH 值=5. 0，镉去除率为40. 69%，其中土壤200g、粒径2cm陶粒数量10颗。各单因素对陶粒去除土壤中镉的影响大小是：吸附时间>镉质量浓度>土壤pH 值。虽然赤泥陶粒对土壤重金属镉离子快速修复效果较好，但是单一技术并不能完成修复土壤重金属镉离子污染，需要联合其他技术如生物等进行协同修复。

4 赤泥基陶粒功能材料制备及对溶液中 Cd^{2+} 的吸附

金属 Cd 主要来源于冶炼、电镀、蓄电池、油漆和塑料等工业生产中，产生大量含 Cd^{2+} 废水，若不加处理，排入河道会造成镉污染，经过生物链最终影响到人体健康，成为重要的污染物。因此在水环境污染研究中，Cd^{2+} 污染是最受关注的研究对象之一。在众多处理技术如化学沉淀、离子交换、膜分离和吸附技术中，吸附技术由于操作简单和吸附材料来源多而备受青睐。

陶粒是具有一类强度性能优异多功能新型吸附材料，表面规则或不规则，坚硬且内部多空，表面积大，具有良好的物理和化学性能。其结构稳定、经济低廉，尤其易操作和吸附能力强，近年来在水污染治理方面显出诸多优势而备受关注。陶粒按排放废弃污染物为原料分类可分为河道底泥陶粒、城市生物污泥陶粒、煤矸石和煤灰粉陶粒。

赤泥是制铝工业中排出的副产物，量大难处理，若不能充分有效的利用，不仅占用大量土地，而且对环境也造成严重的污染。因此，改变工艺最大限度地降低赤泥的产生量，并实现多渠道的资源化利用已刻不容缓。

基于以废治废理念，选择赤泥为原料制备陶粒，以 Cd^{2+} 溶液模拟废水为研究对象，研究赤泥陶粒对废水中 Cd^{2+} 的吸附性能和陶粒再生效果，分别考察 Cd^{2+} 溶液浓度、陶粒投加量、溶液 pH 值、时间与温度对陶粒吸附性能的影响。利用正交试验确定赤泥基陶粒对 Cd^{2+} 的吸附最优条件，从而确定赤泥陶粒的吸附性能，为 Cd^{2+} 废水处理提供新型功能吸附材料。

4.1 材料与方法

4.1.1 仪器与材料

热场发射扫描电子显微镜（日本电子 JSM-7001F），原子吸收分光光度计（北京普析 TAS-986）、圆盘陶粒机、水雾喷壶、粉碎机、标准分样筛（筛孔尺寸 0.18mm）、马弗炉、恒温振荡器、pH 计、电子天平等。赤泥、$Cd(NO_3)_2 \cdot 4H_2O$、定性滤纸、去离子水等。

4.1.2 陶粒制备

赤泥包含制备陶粒两种必需化学成分，即 SiO_2 和 Al_2O_3，且有少量的 Fe、Ti

和 Na 等元素。因原料中含有大量的块渣，使用前需在粉碎机破碎后用标准分样筛进行筛选得到精细赤泥，经圆盘陶粒机制备颗粒。

利用排放废弃污染物为原料制作陶粒的方法多种多样，为了对陶粒的制备工艺条件进行优化研究，基于陶粒研究现状进行综合考虑后，以赤泥烧制陶粒时，马弗炉的温度采用如下设置：105℃干燥 30min，升到 400℃预热 30min，再升到 1100℃焙烧 15min，降至室温取出，用水除去表面附着物，晾干待用。吸附后的陶粒干燥后，放置马弗炉中在 500℃下热处理 30min，继续用于镉离子的吸附，比较再生性能。

4.1.3　试验用水

准确称量 0.2744g $Cd(NO_3)_2 \cdot 4H_2O$，用去离子水溶解，稀释定容在 1L 容量瓶中，得到 100mg/L 的镉离子溶液。稀释制备 1mg/L、2mg/L、3mg/L、4mg/L、5mg/L、10mg/L、15mg/L、20mg/L、25mg/L 等一系列不同浓度镉离子溶液。

4.1.4　实验过程与分析

使用火焰型原子吸收光谱仪测出溶液浓度为 1mg/L、2mg/L、3mg/L、4mg/L、5mg/L 的吸光度，绘制出镉离子溶液的标准曲线：$Abs = 0.12C + 0.25$，其中 $R^2 = 0.99858$。将制作好的陶粒放入不同浓度的镉离子溶液中进行吸附，吸附平衡后测其吸光度，计算出陶粒在此条件下对该镉离子的吸附率。其计算公式为：

$$R = \frac{C_0 - C_e}{C_0} \times 100\% \tag{4-1}$$

式中　C_0——镉离子初始浓度，mg/L；

　　　C_e——吸附平衡时 Cd^{2+} 浓度，mg/L；

　　　R——去除率，%。

实验中控制镉离子溶液浓度、陶粒质量、溶液 pH 值、时间与温度等条件，并用正交试验确定陶粒吸附水中 Cd^{2+} 的最优条件，从而确定陶粒的吸附性能。

4.2　结果与讨论

4.2.1　赤泥和赤泥基陶粒表面结构分析

图 4-1 为经过煅烧后赤泥陶粒，其表面粗糙呈凹凸状，且多孔，为后续吸附截留重金属提供反应空间。图 4-2 为赤泥和赤泥基陶粒 SEM 图，如

图 4-2(a) 所示，可以明显看到赤泥表面为松散的片状聚集体，易团聚；然而经高温煅烧制备赤泥陶粒显示［见图 4-2(b)］内部具有多孔结构，表面整齐、质地紧密、抗压性好等优点，其多孔结构为吸附重金属提供了更优的比表面积和活性位点。

图 4-1 赤泥陶粒

(a)

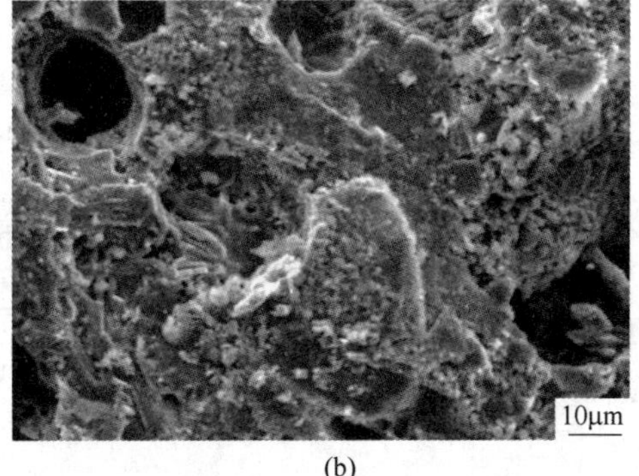

(b)

图 4-2 赤泥和赤泥基陶粒 SEM 图
(a) 赤泥表面扫描电镜图谱；(b) 陶粒表面扫描电镜图谱

4.2.2 初始 Cd^{2+}浓度和陶粒投加量对吸附率的影响

由于实际排放废水 Cd^{2+}浓度和与生产工艺有关，会遇到排放浓度不稳定因素，为此研究赤泥陶粒对不同浓度 Cd^{2+}的吸附以便适应不同排放环境。分别准确移取 50mL 浓度分别为 5mg/L、10mg/L、15mg/L、20mg/L、25mg/L 和 30mg/L Cd^{2+}溶液于碘量瓶中，称取 2.92g 陶粒分别加入上述溶液中，保持室温，固定溶液 pH 值，震荡 60min 后取出，测其吸光度，计算出陶粒的吸附率。

从图 4-3 可以看出，在设定吸附时间范围内，随着陶粒 Cd^{2+} 浓度不断增加，赤泥陶粒对溶液中的 Cd^{2+} 吸附率不断下降；当溶液 Cd^{2+} 浓度为 5～10mg/L 浓度范围，赤泥陶粒对溶液中的 Cd^{2+} 完全吸附，随着溶液 Cd^{2+} 浓度进一步升高，陶粒对 Cd^{2+} 吸附率也随之降低；当溶液 Cd^{2+} 初始浓度为 30mg/L，陶粒对 Cd^{2+} 吸附率仅为 84%。其原因可能是在给定质量下的陶粒已经达到饱和吸附，随着 Cd^{2+} 浓度逐渐增大，吸附率也随之降低，因此选择溶液 Cd^{2+} 浓度为 10mg/L 作为研究对象。

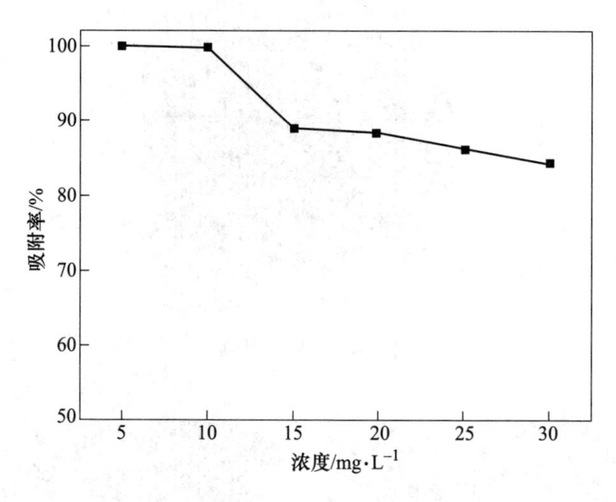

图 4-3　不同镉离子溶液浓度下的吸附率

由图 4-4 可知，随着陶粒质量从 0. 5g 增加到 2g，陶粒对 Cd^{2+} 吸附率从 44%

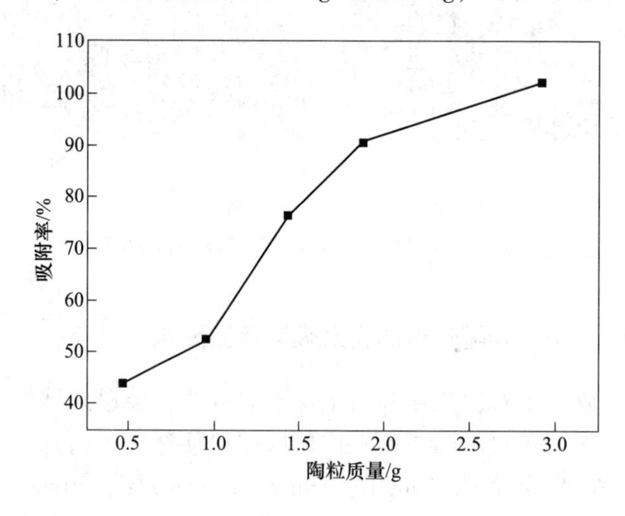

图 4-4　不同陶粒质量下的吸附率

增加到90.66%，这是因为Cd^{2+}浓度一定，随着陶粒质量增加，可提供吸附反应位点越多，吸附率也就增长越快；当陶粒质量为从2g增加到2.9232g时，陶粒对溶液中的Cd^{2+}可达到完全吸附，吸附率为100%，但增长幅度没有前者大，原因是随着Cd^{2+}不断被吸附，剩余Cd^{2+}浓度不断降低，浓度梯度不断减小，给予反应驱动力也降低，因此增长幅度也随之降低。

4.2.3 溶液pH值和反应时间对吸附率的影响

pH值是影响吸附反应的重要因素之一，移取5份50mL的10mg/L的镉离子溶液于小烧杯中，使用NaOH溶液/H_2SO_4溶液对溶液进行调整，分别为pH值=3、4、5、6、7、8的Cd^{2+}溶液，加入5份2.92g的陶粒于溶液中，振荡60min后取出，分析其吸附效果。

从图4-5可以看出，当pH值=3.0~8.0时，随着pH值越来越高，陶粒对Cd^{2+}吸附效果越来越好，当溶液pH值=6.0~8.0时，吸附率保持在97%以上，当pH值=7.0时，陶粒对Cd^{2+}吸附效果达到99.5%。其原因可能是：当pH值较低时，陶粒表面反应位点被H^+覆盖，与Cd^{2+}之间存在竞争吸附，相对减少Cd^{2+}与陶粒表面反应位点，导致吸附效果较差；随着pH值逐渐升高，H^+浓度逐渐降低，陶粒表面反应位点与H^+结合减少，Cd^{2+}与陶粒吸附反应点逐渐增强，所以吸附效果达到最佳，但考虑到Cd^{2+}遇强碱会生成沉淀，实验中溶液的pH值最高调至8。

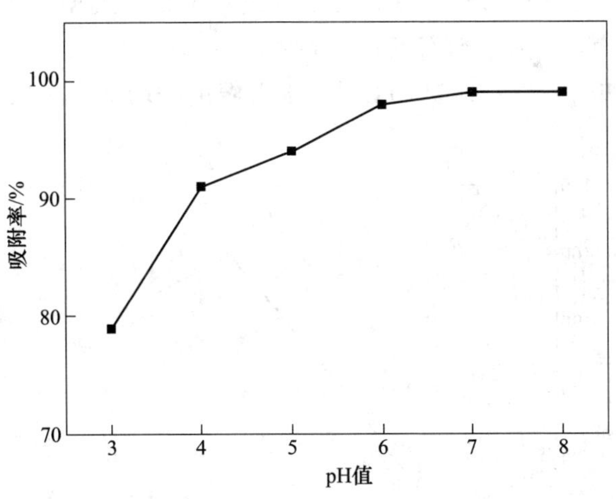

图4-5 不同pH值溶液下的吸光度图

从图4-6可以看出，陶粒对Cd^{2+}可以分为快速吸附和缓慢两个部分，在吸附开始至10min，吸附快速增加达从0到80.8%，属于快速吸附部分；10min后随着反应时间的延长，其吸附效果增加相对较慢，反应时间增加到60min，吸附效

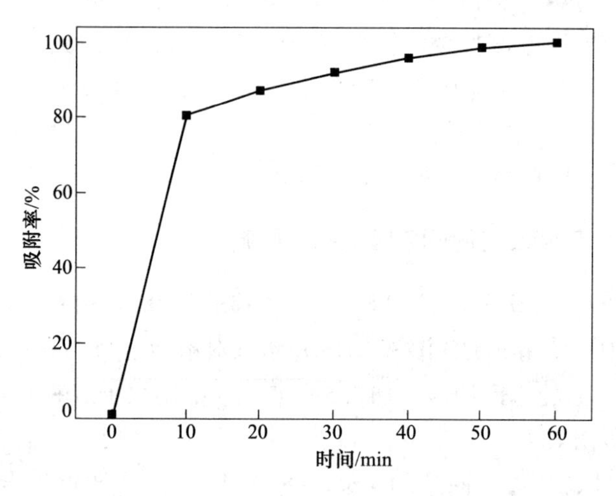

图 4-6　不同震荡时间下的吸光度

果达到 98.6%，属于缓慢吸附部分；当反应时间为 60min 时，吸附率达到 100%，实现了在该条件下最佳吸附效果。因此反应时间选择 60min。

4.2.4　温度对吸附率的影响及陶粒再生

准确移取 4 份 50mL 10mg/L Cd^{2+} 溶液、质量为 2.92g 的陶粒于碘量瓶内，调节溶液 pH 值=7，分别在 25℃、30℃、35℃、40℃的恒温振荡器中震荡 60min 后取出，静止后测其吸光度，计算相应吸附率。

由图 4-7 可知，在 25.0~35.0℃时，随着温度的增加，陶粒对镉离子的吸附

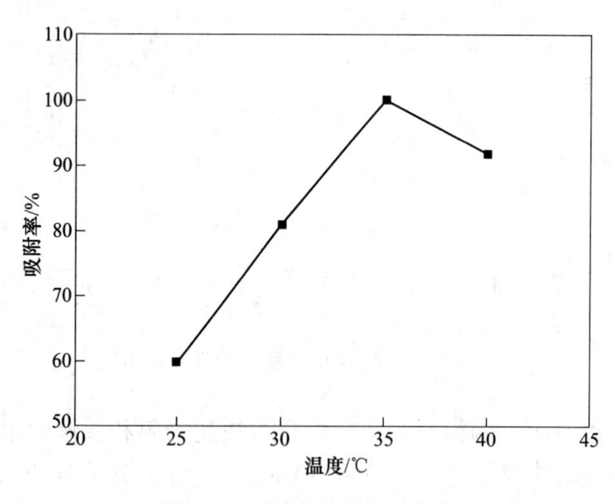

图 4-7　不同温度下的吸附率

率逐渐增变大；到35.0℃时，陶粒吸附率最大，高达100%；温度继续升高，吸附率反而减小至91%，可能与静电放热导致Cd^{2+}被脱附和温度升高导致反应位点被破坏有关。这说明陶粒吸附Cd^{2+}的温度条件比较温和，在温度容易控制的条件下就能满足溶液中Cd^{2+}的吸附。

制作陶粒的原料赤泥为污染性废渣，是赤泥资源化的重要途径之一，吸附后陶粒如果不能继续使用，其应用将进一步受限。为了研究其重复使用性能，选择陶粒进一步煅烧再生，清洗后再次使用。收集使用后的陶粒，晾干后放入马弗炉中重新焙烧后取出自然降温。在最佳条件下，陶粒再生的吸附率如图4-8所示，从图中可以看出，陶粒再生的吸附率虽比一次使用的吸附率低，仍然维持在吸附率为75%~92%。特别是震荡时间为60min时，再生的吸附率高达92.67%。这说明此实验采取赤泥制备的陶粒可以重复使用，不会对环境造成较大的污染。

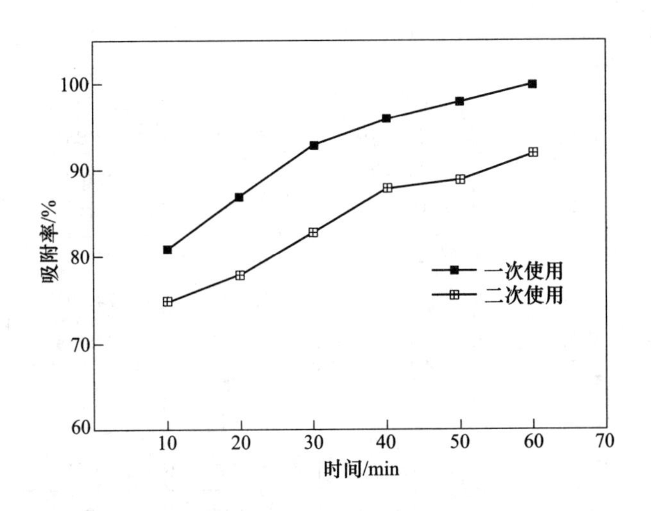

图4-8 再生陶粒吸附率对比

4.3 正交试验

4.3.1 实验结果分析

通过单因素影响实验结果分析，镉离子溶液浓度、陶粒质量、溶液pH值与温度四个因素对赤泥陶粒的吸附率有显著影响。实验将通过正交试验进一步研究这几个因素对陶粒吸附率的影响，试验采用因子为4、水平为3的L9(34)试验表，各因素水平见表4-1，正交试验结果见表4-2。

表 4-1 各因素水平分析表

水平因素	溶液浓度/mg · L^{-1}（因素 1）	陶粒质量/g（因素 2）	溶液 pH 值（因素 3）	温度/℃（因素 4）
水平 1	10	0.4603	3	30
水平 2	20	1.4368	5	35
水平 3	25	2.9232	7	40

表 4-2 正交试验结果表

试验序号	A 溶液浓度/mg · L^{-1}	B 陶粒质量/g	C 溶液 pH 值	D 温度/℃	去除率/%
1	1（10）	1（0.4603）	1（3）	1（30）	82.25
2	1（10）	2（1.4368）	2（5）	2（35）	87.25
3	1（10）	3（2.9232）	3（7）	3（40）	91.58
4	2（20）	1（0.4603）	2（5）	3（40）	66.83
5	2（20）	2（1.4368）	3（7）	1（30）	69.96
6	2（20）	3（2.9232）	1（3）	2（35）	70.79
7	3（25）	1（0.4603）	3（7）	2（35）	83.93
8	3（25）	2（1.4368）	1（3）	3（40）	86.97
9	3（25）	3（2.9232）	2（5）	1（30）	79.30
K_1	261.08	233.01	240.01	231.51	
K_2	207.58	244.18	233.38	241.97	
K_3	250.20	241.67	245.47	245.38	
$\overline{K}_1$	87.03	77.67	80.00	77.71	
$\overline{K}_2$	69.19	81.39	77.79	80.66	
$\overline{K}_3$	83.40	80.56	81.82	81.79	
优水平	A_1	B_2	C_3	D_3	
R_j	17.84	3.72	4.03	4.08	
主次顺序	$R(A)>R(D)>R(C)>R(B)$				

分别对各单因素 A（溶液浓度，mg/L）、B（陶粒质量，g）、C（溶液 pH 值）和 D（温度,℃）比较 K_1、K_2、K_3 可知，确定最优水平分别为 A_1、B_2、C_3、D_3。各单因素对实验结果影响大小的主次顺序可以根据极差 R_j 的大小来判断：R 越大（越小），表示第 j 个因素对指标的影响越大（越小）。根据极差 R_j 可知，各单因素对实验结果影响大小的主次顺序为 $R(A)>R(D)>R(C)>R(B)$。

4.3.2 单因素显著性检验

影响陶粒吸附 Cd^{2+} 过程中各因素与实验结果之间的趋势图如图 4-9 所示。

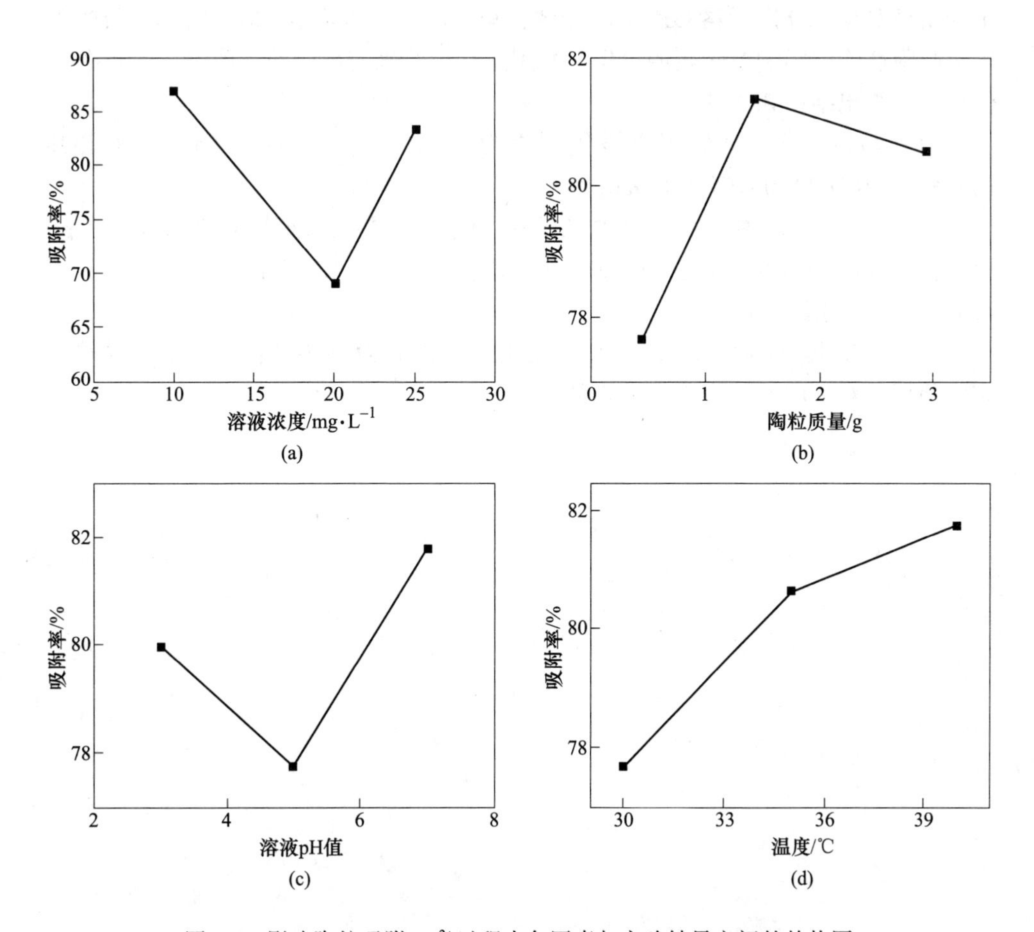

图 4-9 影响陶粒吸附 Cd^{2+} 过程中各因素与实验结果之间的趋势图

由正交试验结果可知，各单因素对试验的影响大小是：浓度>温度>溶液 pH 值>陶粒质量。显著性检验线束陶粒吸附水中镉离子最佳条件为：溶液浓度 10mg/L，陶粒质量 1.4368g，溶液 pH 值=7，温度 40℃。而在单因素分析中，温度为 35℃时的吸附率总体大于 40℃时的吸附率，且显著性检验中 35℃与 40℃的吸附率相差较小，再者考虑实际能源消耗，确定最佳温度条件为 35℃。

因此选取以赤泥为原料制备的陶粒吸附水中 Cd^{2+} 时的最佳条件为：溶液浓度 10mg/L，陶粒质量 1.4368g，溶液 pH 值=7，温度 35℃，其中最佳震荡时间 45min。

结论

基于以废治废理念，本章以废弃污染物赤泥为原料制作陶粒，以 Cd^{2+} 模拟废水为研究对象，分别考察 Cd^{2+} 溶液浓度、陶粒质量、溶液 pH 值、时间与温度对陶粒吸附性能的影响及陶粒的再生，并用正交试验确定出陶粒吸附水中 Cd^{2+} 的最优条件，得出结论如下。

（1）马弗炉焙烧陶粒温度设置程序为：105℃干燥 30min 升到 400℃预热 30min，再升到 1100℃焙烧 15min。

（2）各单因素对陶粒吸附水中 Cd^{2+} 的影响大小是：溶液浓度>温度>溶液 pH 值>陶粒质量。各单因素最佳条件为：溶液浓度 10.00mg/L，陶粒质量 1.4368g，溶液 pH=7.0，温度 35℃。

（3）从对陶粒再生的实验中可以看出，以赤泥为原料制备出来的陶粒可以多次使用，对环境的污染也大大降低。

参 考 文 献

[1] Zhu H Y, Jiang R, Xiao N, et al. Congo red on innovative crosslinked chitosan/nano-CdS composite catalyst under visible light irradiation [J]. Journal of Hazardous Materials, 2009, 169 (1-3): 933-940.

[2] Huang D, Ma J, Fan C, et al. Co-Mn-Fe complex oxide catalysts from layered double hydroxides for decomposition of methylene blue: Role of Mn [J]. Applied Clay Science, 2018, 152: 230-238.

[3] Ahmed M A, Mohamed A A. An efficient adsorption of indigo carmine dye from aqueous solution on mesoporous Mg/Fe layered double hydroxide nanoparticles prepared by controlled sol-gel route [J]. Chemosphere, 2017, 174: 280-288.

[4] Liu M, Lv G, Mei L, et al. Fabrication of AO/LDH fluorescence composite and its detection of Hg^{2+} in water [J]. Scientific Reports, 2017, 7 (1): 1341.

[5] Singh S, Shinde N M, Xia Q X, et al. Tailoring the morphology followed by the electrochemical performance of NiMn-LDH nanosheet arrays through controlled Co-doping for high-energy and power asymmetric supercapacitors [J]. Dalton Transactions, 2017, 46 (38): 12876-12883.

[6] Bashi A M, Hussein M Z, Zainal Z, et al. Synthesis and controlled release properties of 2, 4-dichlorophenoxy acetate-zinc layered hydroxide nanohybrid [J]. Journal of Solid State Chemistry, 2013, 203: 19-24.

[7] Quites F J, Germino J C, da Silva Azevedo C K, et al. Exfoliation of zinc-layered hydroxide by luminescent conjugate polyelectrolyte: synthesis and photophysical aspects [J]. Journal of Sol-Gel Science and Technology, 2017, 83 (2): 457-466.

[8] Ahm L, Pike S D, Clancy A J, et al. Layered zinc hydroxide monolayers by hydrolysis of organozincs [J]. Chemical Science, 2018, 9 (8): 2135-2146.

[9] Song B, Wang Y, Cui X, et al. A Series of Unique Architecture Building of Layered Zinc Hydroxides: Self-Assembling Stepwise Growth of Layered Zinc Hydroxide Carbonate and Conversion into Three-Dimensional ZnO [J]. Crystal Growth & Design, 2016.

[10] 仝童，周浩力，张磊，等．线型聚酰胺复合膜的制备及 N_2/VOCs 筛分性能研究［J］. 高校化学工程学报，2018，32（6）：1412-1418.

[11] Kameda T, Yabuuchi F, Yoshioka T, et al. New method of treating dilute mineral acids using magnesium-aluminum oxide [J]. Water Research, 2003, 37 (7): 1545-1550.

[12] Feiknecht W. Fomration of double hydorxides between bi and rtivaient meatls [J]. Helv. Chim. Aeta., 1942, 25: 555-569.

[13] Taylor H F W. Crystal structures of some double hydroxide minerals [J]. Mineralogical Magazine, 1973, 39 (304): 377-389.

[14] Serov A, Kwak C. Review of non-platinum anode catalysts for DMFC and PEMFC application [J]. Appl. Catalysis B, 2009, 90: 313-320.

[15] Reichle T. Catalytic reactions by thermally activated, synthetic anionic clay minerals [J]. Catal. 1985, 94: 547-557.

[16] 邹义冬．功能性水滑石（LDHs-X）黏土矿物对放射性核素铀的吸附及机理研究［D］．南昌：东华理工大学，2017.

[17] 杨伟．LDH-碳基杂化材料的制备及其在 PVA 中的应用［D］．株洲：湖南工业大学，2017.

[18] Zhen L，Zhao L M，Yan Y W，et al. LDHs derived nanoparticle-stacked metal nitride as interlayer for long-life lithium sulfur batteries［J］. Science Bulletin，2018，63（3）：169-175.

[19] Yamaoka T，Abe M，Tsuji M. Synthesis of Cu-Al hydrotalcite like compound and its ion exchange property［J］. Mater. Res. Bull.，1989，24（10）：1183-1199.

[20] 孔婷婷，张颖萍，张亚刚，等．钛锂铝水滑石/延迟焦的制备及其 CO_2 吸附性能研［J］．中南大学学报（自然科学版），2017，48（4）：880-888.

[21] Gao L G，Li H X，Song X L，et al. Degradation of benzothiophene in diesel oil by LaZnAl layered double hydroxide：photocatalytic performance and mechanism［J］. Petroleum Science，2019，16（1）：173-179.

[22] Du M J，He D，Lou Y B，et al. Porous nanostructured $ZnCo_2O_4$ derived from MOF-74：High-performance anode materials for lithium ion batteries［J］. Journal of Energy Chemistry，2017，26（4）：673-680.

[23] Lin X Y，Su T，Zhang Q H，et al. Influence of additives on the solvothermal synthesis in the formation of Zn-MOF-5［J］. Journal of Donghua University（English Edition），2018，35（6）：491-494.

[24] Varga G，Kukovecz K，Nya Z，et al. Mn（Ⅱ）-amino acid complexes intercalated in CaAl-layered double hydroxide-wellcharacterized，highly efficient，recyclable oxidation catalysts［J］. Journal of Catalysis，2016，335：125-134.

[25] 曾小东，胡丹．纳米 Zn-Mg-Al-HTlc 的制备及应用［J］．广东化工，2017，44（8）：81-83，102.

[26] Mehrzad A，Majid P. Efects of washing and drying on crystal structure and pore size distribution（PSD）of $Zn_4O_{13}C_{24}H_{12}$ framework（IRMOF-1）［J］. Acta Metallurgica Sinica（English Letters），2013，26（5）：597-601.

[27] Ma R，Wang Z，Yan L，et al. J Mater Chem B，2014，2：4868-4875.

[28] 韩小伟，于欢，姚佳良，等．磁性 LDHs 复合材料的制备及可见光催化性能研究［J］．人工晶体学报，2017，46（9）：1833-1837.

[29] MA S，ISLAM S M，SHIM Y，et al. Highly efficient iodine capture by layered double hydroxides intercalated with polysulfides［J］. Chemistry of Materials，2014，26（24）：7114-7123.

[30] 王晨晔，陈艳，郭占成，等．以钢渣为原料合成 Ca-Mg-Al-Fe 层状双金属氢氧化物及其对甲基橙的吸附［J］．过程工程学报，2018，18（3）：570-574.

[31] 施周，邓林．水中重金属离子吸附材料的研究现状与发展趋势［J］．建筑科学与工程学报，2017，34（5）：21-30.

[32] 杨帆，宋金玲，张胤，等．BiOCl_*x*Br_（1-*x*）溶剂热法的制备及其光催化氧化性能［J］.

内蒙古科技大学学报，2017，36（3）：205-210.

[33] 王瑶，武志刚，贾艳蓉．银掺杂多孔氧化钛光催化甲基橙降解反应条件的探究［J］. 井冈山大学学报（自然科学版），2016，37（2）：29-32，59.

[34] 朱鹏飞，刘梅，张杰．Cu-ZnO/膨润土的制备及光催化降解甲基橙废水性能［J］. 安全与环境学报，2014，14（6）：148-152.

[35] 邸琬茗，宁文生，金杨福，等．均匀沉淀法制备碱式碳酸锌的过程研究［J］. 材料导报，2015，29（18）：60-64.

[36] 孙平，林碧洲．磷钨酸柱撑锌铝水滑石复合材料的制备及光催化性能研究［J］. 化学工程与装备，2014（5）：1-4.

[37] 吴鹏，刘志明，谢成．针状 ZnO 的纳米纤维素诱导制备及光催化性能［J］. 纤维素科学与技术，2014，22（4）：1-5.

[38] Fang X，Men Y H，Wu F，et al. Improved methanol yield and selectivity from CO_2 hydrogenation using a novel Cu-ZnO-ZrO_2 catalyst supported on Mg-Al layered double hydroxide（LDH）［J］. Journal of CO_2 Utilization，2019：29.

[39] 刘兴旺，陈建宏，胡晞．改性铁矾土对废水中砷的吸附效能研究［J］. 工业水处理，2016，36（10）：44-47.

[40] 秦宝丽，许昶雯，王国英，等．响应面法优化类水滑石吸附 F-条件［J］. 中国农村水利水电，2018（12）：82-86.

[41] 高杰梅．NiFe-LDH 的制备、吸附及电化学性能研究［D］. 重庆：重庆大学，2017.

[42] 吕姚．硅酸亚铁锂正极材料的合成及其电化学性能研究［D］. 秦皇岛：燕山大学，2017.

[43] 韩银凤，张瑞林．以泡沫镍为基底的镍铁类水滑石的制备及表征［J］. 化学工程师，2018，32（9）：67-69.

[44] 王心宇．水滑石基复合氧化物催化剂的制备及其去除炭颗粒物性能研究［A］. 中国化学会、中国化学会催化委员会．第十一届全国环境催化与环境材料学术会议论文集［C］. 中国化学会、中国化学会催化委员会：沈阳师范大学化学化工学院，2018：1.

[45] 贺晋娟．锶掺杂氧化锌光催化材料的制备及其可见光催化性能研究［D］. 上海：华东师范大学，2017.

[46] 王金玺，党睿，马向荣，等．Zn^{2+}-Ni^{2+}-Al^{3+}-MnO^{4-}-LDHs 制备及其表征［J］. 工业催化，2018，26（7）：23-27.

[47] Germán P S，Tiago L P，et，al. A molecular dynamics framework to explore the structure and dynamics of layered double hydroxides［J］. Applied Clay Science，2018：163.

[48] 王琴．溶胶—凝胶法制备棒状氮掺杂纳米氧化锌及其性能研究［D］. 苏州：苏州大学，2011.

[49] 吴双．氧化锌纳米材料的制备及其光催化性能的研究［D］. 广州：华南理工大学，2017.

[50] Radwa A E，Eman M M，Wesam M E B，et al. Mechanistic insights to the cardioprotective effect of blueberry nutraceutical extract in isoprenaline-induced cardiac hypertrophy［J］. Phytomedicine，2018.

[51] 李庆，张莹，樊增禄，等 . Cu-有机骨架对染料废水的吸附和可见光降解［J］. 纺织学报，2018，39（2）：112-118.

[52] 谢婷婷，杨明莉 . 金属有机骨架在水环境治理领域的应用［J］. 功能材料，2019，50（2）：2029-2037.

[53] 戴树桂 . 环境化学［M］. 2 版 . 北京：高等教育出版社，2016.

[54] 袁辉志，李波，刘婷婷，等 . 臭氧催化氧化技术在废水处理中的应用［J］. 齐鲁石油化工，2019，47（3）：233-240.

[55] 田凤蓉，杨志林，王开春，等 . 负载型多相催化剂在催化臭氧氧化石化废水中的应用［J］. 工业用水与废水，2019，50（4）：19-23.

[56] 李越 . 负载型催化剂催化臭氧氧化降解水中 SA 的研究［D］. 泰安：山东农业大学，2015.

[57] 龙丽萍 . 赵建国 . 杨利娴，等，常温下 MnO_2/Al_2O_3 催化剂催化臭氧氧化甲苯反应［J］. 催化学报，2011，32（6）：904-912.

[58] 吴鹏飞，朱雷，汪愉，等 . 分子印迹 TiO_2 光催化降解水杨酸有机废水研究［J］. 工业水处理，2019，39（2）：26-29.

[59] 徐金玲 . 含锰氧化物陶粒臭氧催化剂性能及应用研究［D］. 广州：华南理工大学，2015.

[60] 温舒涵，姚沁坪，李炜琦，等 . MnO_2 陶粒臭氧氧化催化剂的制备及其性能［J］. 化工环保，2018，38（2）：157-163.

[61] 汪星志 . 臭氧非均相催化氧化工艺深度处理印染废水研究［D］. 广州：华南理工大学，2016.

[62] 张华文，朱文祥 . 树脂络合—吸附工艺处理水杨酸甲酯生产废水［J］. 应用化工，2011，40（10）：1804-1806.

[63] 王蕾 . 磁纳米 Fe_3O_4-Fenton 工艺处理水杨酸生产废水的可行性研究［D］. 哈尔滨：哈尔滨工业大学，2014.

[64] 张万友，刘祥亮，庞香蕊，等 . 厌氧—曝气生物滤池处理水杨酸废水的研究［J］. 化学通报，2014，77（5）：430-435.

[65] 童少平，沈佟栋，倪金雷，等 . 金红石 TiO_2 催化臭氧化磺基水杨酸［J］. 浙江工业大学学报，2015，43（6）：591-594.

[66] 朱琳 . 锰基氧化物催化臭氧化水中有机污染物的研究［D］. 石家庄：河北师范大学，2014.

[67] 孙忠志 . 臭氧、多相催化氧化去除水中有机污染物效能与机理［D］. 哈尔滨：哈尔滨工业大学，2006.

[68] 欧阳二明，张锡辉，王伟 . 城市水体有机污染类型的三维荧光光谱分析法［J］. 水资源保护，2007（3）：56-59.

[69] 孙丽娟，秦秦，宋科，等 . 镉污染农田土壤修复技术及安全利用方法研究进展［J］. 生态环境学报，2018，27（7）：1377-1386.

[70] 崔节虎，陈进进，魏春雷，等 . 赤泥陶粒制备及对土壤中 Cd^{2+} 原位修复效果研究［J］. 非金属矿，2019，42（5）：82-86.

[71] 马俊英，杨静，蔺尾燕，等．盐酸改性膨润土处理含镉废水的研究［J］. 应用化工，2019，48（2）：357-360.

[72] 赵佐平，段敏，刘智峰，等．壳聚糖活性污泥复合吸附剂处理铅、镉废水研究［J］. 生态与农村环境学报，2017，33（8）：730-736.

[73] 常艳丽．含镉废水处理技术研究进展［J］. 净水技术，2013，32（3）：1-4.

[74] 童思意，刘长淼，刘玉林，等．我国固体废弃物制备陶粒的研究进展［J］. 矿产保护与利用，2019，39（3）：140-150.

[75] 李海斌．复合陶粒的制备及其磷吸附性能研究［D］. 合肥：安徽建筑大学，2016.

[76] 刘贵云，奚旦立．利用河道底泥制备陶粒的试验研究［J］. 东华大学学报（自然科学版），2003，29（4）：81-83，94.

[77] 曲烈，王渊，杨久俊，等．城市污泥—玻璃粉轻质陶粒制备及性能研究［J］. 硅酸盐通报，2016，35（3）：970-974，979.

[78] 谢跃，周笑绿，李倩炜，等．自制粉煤灰陶粒填料处理城市污水［J］. 材料科学与工程学报，2017，35（2）：324-328，320.

[79] 费欣宇，李海燕，罗和亿，等．赤泥基陶粒的制备及性能研究［J］. 非金属矿，2017，40（5）：9-12.

[80] 罗星，李尽善，马荣锴，等．赤泥开发利用技术回顾与展望［J］. 矿产与地质，2019，33（1）：174-180.

[81] 檀中鑫，穆满根．赤泥资源综合利用研究现状［J］. 广州化工，2018，46（19）：12-13.

[82] 陈新年，李瑶．赤泥基陶粒的研制及含砷饮用水的处理应用［J］. 科学技术与工程，2019，19（4）：269-272.

[83] 王芳，罗琳，易建龙，等．赤泥陶粒处理含三价锑 Sb（Ⅲ）废水的工艺［J］. 净水技术，2015（5）：54-59.

[84] Zhang Y，Liu W，Zhang L，et al. Application of bifunctional saccharomyces cerevisiae to remove lead（Ⅱ）and cadmium（Ⅱ）in aqueous solution［J］. Applied Surface Science，2011，257（23）：0-9816.

[85] Witek-Krowiak A，Szafran R G，Modelski S. Biosorption of heavy metals from aqueous solutions onto peanut shell as a low-cost biosorbent［J］. Desalination，2011，265（1-3）：126-134.